VORLESUNGEN ÜBER DIE
ZAHLENTHEORIE
DER QUATERNIONEN

VON

DR. ADOLF HURWITZ

PROFESSOR DER HÖHEREN MATHEMATIK AN DER EIDGENÖSSISCHEN
TECHNISCHEN HOCHSCHULE IN ZÜRICH

BERLIN

VERLAG VON JULIUS SPRINGER

1919

ISBN-13: 978-3-642-47197-1   e-ISBN-13: 978-3-642-47536-8
DOI: 10.1007/ 978-3-642-47536-8

Vorwort.

Das vorliegende kleine Werk hat den Zweck, die Zahlentheorie der Quaternionen, wie ich sie in den Nachrichten von der Königl. Gesellschaft der Wissenschaften zu Göttingen aus dem Jahre 1896 veröffentlicht habe, einem weiteren Kreise zugänglich zu machen. An jenem Orte habe ich manche Beweise nur angedeutet oder sogar ganz unterdrückt. Hier dagegen findet die Theorie eine ausführliche Darstellung, bei der, abgesehen von der Vertrautheit mit der elementaren Zahlentheorie und einer gewissen Schulung des mathematischen Denkens, nichts vorausgesetzt wird.

Für die verständnisvolle Auffassung des Gedankenganges dieser Vorlesungen ist freilich die Kenntnis der einfachsten Begriffe, die der Theorie der algebraischen Zahlkörper von Dedekind zugrunde liegen, wenn auch durchaus nicht notwendig, so doch immerhin förderlich.

Die Zahlentheorie der Quaternionen, die übrigens noch manche hier nicht behandelten Probleme darbietet, bildet das erste Beispiel für ein weites, bisher nur wenig angebautes Gebiet zahlentheoretischer Forschung: eine entsprechende Theorie läßt sich nämlich für jedes System mehrgliedriger komplexer Größen aufstellen. Es würde mich freuen, wenn diese Vorlesungen etwa jüngere Fachgenossen dazu anregen würden, jenes Gebiet durch weitere Untersuchungen zu fördern.

Zürich, Mai 1919.

A. Hurwitz.

Inhaltsverzeichnis.

Vorlesung 1.

Die Quaternionen und die Rechnung mit ihnen.

Die Quaternionen bilden ein spezielles System von sogenannten komplexen Größen. Wir wollen auf den allgemeinen Begriff solcher Größensysteme hier nicht näher eingehen, sondern uns damit begnügen, das spezielle System der Quaternionen möglichst einfach zu definieren[1]). Zu dem Zwecke bilden wir den symbolischen Ausdruck

$$(1) \qquad a = a_0 + a_1 i_1 + a_2 i_2 + a_3 i_3,$$

in welchem a_0, a_1, a_2, a_3 irgend vier reelle Zahlen und i_1, i_2, i_3 drei Symbole bezeichnen, die zunächst nur zur Zusammenfassung jener vier Zahlen dienen sollen.

Insofern wir nun nach bestimmten, weiterhin anzugebenden Festsetzungen mit den symbolischen Ausdrücken der Gestalt (1) rechnen, werden wir die letzteren als *Quaternionen* bezeichnen. Die Zahlen a_0, a_1, a_2, a_3 heißen die *Komponenten* des „Quaternions" a und die Symbole i_1, i_2, i_3 zusammen mit der Zahl 1 die vier *Einheiten* der Quaternionen. Bezüglich der anzuwendenden Bezeichnungen haben wir hier noch folgendes zu bemerken: Wenn eine der drei letzten Komponenten den Wert 1 haben sollte, so lassen wir dieselbe in dem Ausdruck des Quaternions einfach fort, so daß z. B.

$$a = a_0 + i_1 + i_2 + a_3 i_3$$

dasjenige Quaternion bedeutet, dessen Komponenten $a_0, 1, 1, a_3$ sind. Ferner setzen wir fest: falls in dem Ausdruck eines Quaternions ein Glied vollständig fehlt, so soll dies bedeuten, daß das betreffende Glied die Komponente Null besitzt. Z. B. werden wir also unter

$$a_0 + a_2 i_2$$

dasjenige Quaternion verstehen, dessen Komponenten $a_0, 0, a_2, 0$ sind.

---

[1]) Die arabischen Ziffern verweisen auf die Anmerkungen und Zusätze am Schlusse der Vorlesungen.

Aus dieser Festsetzung geht hervor, daß unter den Quaternionen auch die gewöhnlichen reellen Zahlen enthalten sind. Diese fallen nämlich mit denjenigen Quaternionen zusammen, deren drei letzte Komponenten a_1, a_2, a_3 verschwinden. Ein derartiges Quaternion werden wir deshalb auch *reell* nennen. Zu den reellen Quaternionen gehört insbesondere das Quaternion „Null" als dasjenige, dessen vier Komponenten sämtlich verschwinden. Es verdient noch hervorgehoben zu werden, daß nach den getroffenen Festsetzungen auch die vier Einheiten $1, i_1, i_2, i_3$ zu den Quaternionen gehören. Z. B. ist die Einheit i_2 dasjenige Quaternion, dessen Komponenten $0, 0, 1, 0$ sind.

Was nun die Festsetzungen angeht, die wir für das Rechnen mit den Quaternionen treffen, so bestehen dieselben darin, daß wir definieren, was wir unter der Summe und was wir unter dem Produkt irgend zweier Quaternionen verstehen wollen.

In betreff der Summe stellen wir folgende Definition auf:

Sind

$$(2) \qquad \begin{cases} a = a_0 + a_1 i_1 + a_2 i_2 + a_3 i_3 \\ b = b_0 + b_1 i_1 + b_2 i_2 + b_3 i_3 \end{cases}$$

irgend zwei Quaternionen, so soll unter ihrer Summe $a + b$ das Quaternion

$$(3) \qquad a + b = (a_0 + b_0) + (a_1 + b_1)i_1 + (a_2 + b_2)i_2 + (a_3 + b_3)i_3$$

verstanden werden.

Hiernach werden zwei Quaternionen summiert, indem man ihre entsprechenden Komponenten summiert. Es ist klar, daß die Summenbildung oder Addition der Quaternionen denselben Gesetzen genügt, wie die Addition gewöhnlicher Zahlen: die Summe von beliebig vielen Quaternionen ist ganz unabhängig davon, in welcher Reihenfolge wir die Quaternionen summieren.

Betrachten wir jetzt die Aufgabe, ein Quaternion x zu bestimmen, welches die Gleichung

$$(4) \qquad x + a = a + x = b$$

befriedigt, wo a und b zwei beliebig gegebene Quaternionen (2) bedeuten, so besitzt dieselbe offenbar die eine Lösung

$$(5) \qquad x = (b_0 - a_0) + (b_1 - a_1)i_1 + (b_2 - a_2)i_2 + (b_3 - a_3)i_3.$$

Dieses Quaternion x bezeichnen wir mit $b - a$ und nennen es die *Differenz* von b und a. Speziell bezeichnen wir die Differenz von 0 und a, also $0 - a$, mit

$$-a = -a_0 - a_1 i_1 - a_2 i_2 - a_3 i_3$$

und nennen sie das zu a *entgegengesetzte* Quaternion. Die Operation der Differenzbildung soll auch *Subtraktion* genannt werden.

Wir wenden uns nun zu der Definition des *Produktes* ab zweier Quaternionen (2). Diese Definition soll jedenfalls so getroffen werden, daß das sogenannte „distributive" Gesetz für die Produktbildung oder *Multiplikation* erfüllt ist, d. h. daß die Gleichung

$$(a + a' + \ldots)(b + b' + \ldots) = ab + ab' + \ldots + a'b + a'b' + \ldots$$

gilt, wenn $a, a', \ldots$ und $b, b', \ldots$ irgendwelche Quaternionen bedeuten.

Indem wir zur Abkürzung

$$(6) \qquad a = \sum_{\alpha=0}^{3} a_\alpha i_\alpha, \qquad b = \sum_{\beta=0}^{3} b_\beta i_\beta$$

schreiben, wobei $i_0 = 1$ sein soll, setzen wir deshalb zunächst

$$(7) \qquad ab = \sum_{\alpha=0}^{3} \sum_{\beta=0}^{3} a_\alpha i_\alpha b_\beta i_\beta.$$

Es leuchtet ein, daß hierdurch das Produkt ab als ein vollständig bestimmtes Quaternion definiert ist, wenn wir noch festsetzen, welche Quaternionen unter den 16 Gliedern $a_\alpha i_\alpha b_\beta i_\beta$ der Summe (7) verstanden werden sollen. Was dies betrifft, so soll zunächst die Bedeutung der Einheitsprodukte $i_\alpha i_\beta$ durch folgende Gleichungen bestimmt werden:

$$(8) \qquad \begin{cases} i_0 i_\beta = i_\beta i_0 = i_\beta, & (\beta = 0, 1, 2, 3) \\ i_1^2 = i_2^2 = i_3^2 = -1, \\ i_1 i_2 = i_3, \quad i_2 i_3 = i_1, \quad i_3 i_1 = i_2, \\ i_2 i_1 = -i_3, \quad i_3 i_2 = -i_1, \quad i_1 i_3 = -i_2, \end{cases}$$

Gleichungen, die, beiläufig bemerkt, durch zyklische Vertauschung der Indizes 1, 2, 3 in sich übergehen. Endlich soll $a_\alpha i_\alpha b_\beta i_\beta$ dasjenige Quaternion sein, welches aus $i_\alpha i_\beta$ hervorgeht, wenn wir die Komponenten von $i_\alpha i_\beta$ mit dem Faktor $a_\alpha b_\beta$ multiplizieren; also z. B., da nach (8) $i_2 i_1 = -i_3$ sein soll, ist $a_2 i_2 b_1 i_1 = -a_2 b_1 i_3$ zu setzen.

Fassen wir alles zusammen, so liefert nun der Ansatz (7) die folgende *endgültige Definition* des Produktes zweier Quaternionen:

Sind

$$(9) \qquad \begin{cases} a = a_0 + a_1 i_1 + a_2 i_2 + a_3 i_3 \\ b = b_0 + b_1 i_1 + b_2 i_2 + b_3 i_3 \end{cases}$$

zwei Quaternionen, so verstehen wir unter ihrem Produkte ab das Quaternion

$$(10) \qquad ab = p_0 + p_1 i_1 + p_2 i_2 + p_3 i_3,$$

wobei p_0, p_1, p_2, p_3 die aus den Komponenten von a und b folgendermaßen abgeleiteten Zahlen:

$$(11) \quad \begin{cases} p_0 = a_0 b_0 - a_1 b_1 - a_2 b_2 - a_3 b_3 \\ p_1 = a_0 b_1 + a_1 b_0 + a_2 b_3 - a_3 b_2 \\ p_2 = a_0 b_2 - a_1 b_3 + a_2 b_0 + a_3 b_1 \\ p_3 = a_0 b_3 + a_1 b_2 - a_2 b_1 + a_3 b_0 \end{cases}$$

bedeuten.

Da die Komponenten p_0, p_1, p_2, p_3 linear und homogen in den Komponenten von a, wie in denen von b sind, so ist klar, daß für je drei Quaternionen a, b, c die Gleichungen

$$(12) \qquad a(b+c) = ab + ac, \quad (b+c)a = ba + ca$$

gelten, daß also wirklich für die Multiplikation der Quaternionen das distributive Gesetz erfüllt ist. Es gilt aber auch, und dies ist ein wichtiger Punkt, das *assoziative* Gesetz der Multiplikation, d. h. es ist für je drei Quaternionen a, b, c

$$(13) \qquad a(bc) = (ab)c.$$

Denn sind a und b durch (9) definiert und etwa

$$(14) \qquad c = c_0 + c_1 i_1 + c_2 i_2 + c_3 i_3,$$

so wird

$$(15) \qquad bc = q_0 + q_1 i_1 + q_2 i_2 + q_3 i_3,$$

wobei, gemäß (11),

$$(16) \quad \begin{cases} q_0 = b_0 c_0 - b_1 c_1 - b_2 c_2 - b_3 c_3 \\ q_1 = b_0 c_1 + b_1 c_0 + b_2 c_3 - b_3 c_2 \\ q_2 = b_0 c_2 - b_1 c_3 + b_2 c_0 + b_3 c_1 \\ q_3 = b_0 c_3 + b_1 c_2 - b_2 c_1 + b_3 c_0 \end{cases}$$

und die Gleichung (13), oder also

$$(a_0 + a_1 i_1 + a_2 i_2 + a_3 i_3)(q_0 + q_1 i_1 + q_2 i_2 + q_3 i_3)$$
$$= (p_0 + p_1 i_1 + p_2 i_2 + p_3 i_3)(c_0 + c_1 i_1 + c_2 i_2 + c_3 i_3)$$

erweist sich durch Ausrechnung als identisch erfüllt.

Dagegen ist im Gebiete der Quaternionen das kommutative Gesetz der Multiplikation nicht allgemein gültig, d. h. im allgemeinen ist ab nicht dasselbe wie ba. Dies geht aus den Formeln (11) unmittelbar hervor. Denn vertauschen wir die a_0, a_1, a_2, a_3 mit den b_0, b_1, b_2, b_3, so werden sich dabei p_1, p_2, p_3 im allgemeinen ändern, so daß dann ab nicht gleich ba ist. Des Näheren finden wir aus (11) für die Differenz von ab und ba

$$(17) \quad ab - ba = 2(a_2 b_3 - a_3 b_2)i_1 + 2(a_3 b_1 - a_1 b_3)i_2 + 2(a_1 b_2 - a_2 b_1)i_3$$

und es ist demnach

$$ab = ba,$$

oder also a mit b „vertauschbar“, dann und nur dann, wenn die Gleichungen

$$(18) \qquad a_2 b_3 - a_3 b_2 = 0, \qquad a_3 b_1 - a_1 b_3 = 0, \qquad a_1 b_2 - a_2 b_1 = 0$$

bestehen, oder auch, was dasselbe bedeutet, wenn

$$(19) \qquad a_1 : a_2 : a_3 = b_1 : b_2 : b_3$$

ist. Insbesondere ist jedes reelle Quaternion mit jedem beliebigen anderen vertauschbar. Wir wollen nun noch einige wichtige besondere Fälle der Multiplikation betrachten. Sei $a = a_0 + a_1 i_1 + a_2 i_2 + a_3 i_3$ ein beliebiges Quaternion, so heiße $a' = a_0 - a_1 i_1 - a_2 i_2 - a_3 i_3$ das zu a *konjugierte* Quaternion. Aus den Definitionsgleichungen (11) für die Komponenten des Produktes zweier Quaternionen ergibt sich nun

$$(20) \qquad a a' = a' a = a_0^2 + a_1^2 + a_2^2 + a_3^2.$$

D. h.:

Das Produkt eines Quaternions in sein Konjugiertes ist reell, und zwar gleich der Summe der Quadrate der vier Komponenten.

Dieses Produkt bezeichnen wir symbolisch mit

$$N(a)$$

und nennen es die *Norm* des Quaternions a.

Die Betrachtung der Normen spielt in der Theorie der Quaternionen eine wichtige Rolle, und zwar beruht das namentlich auf dem *Multiplikationstheorem* der Norm, welches wir folgendermaßen erhalten. Bilden wir gemäß (11) das Produkt $b'a'$ aus den zu b und a konjugierten Quaternionen, so erhalten wir als die Komponenten dieses Produktes die Werte

$$\begin{aligned}
b_0 a_0 - b_1 a_1 - b_2 a_2 - b_3 a_3 &= p_0, \\
- b_0 a_1 - b_1 a_0 + b_2 a_3 - b_3 a_2 &= - p_1, \\
- b_0 a_2 - b_1 a_3 - b_2 a_0 + b_3 a_1 &= - p_2, \\
- b_0 a_3 + b_1 a_2 - b_2 a_1 - b_3 a_0 &= - p_3,
\end{aligned}$$

d. h. die Komponenten des zu ab konjugierten Quaternions. Es gilt also für irgend zwei Quaternionen a und b die Gleichung

$$(21) \qquad (ab)' = b'a'.$$

Demnach kommt

$$(22) \quad N(ab) = (ab)(ab)' = abb'a' = a N(b) a' = a a' N(b) = N(a) N(b),$$

d. h.:

Die Norm des Produktes zweier Quaternionen ist gleich dem Produkte ihrer Normen.

Eine unmittelbare Folgerung aus diesem Satze ist die Tatsache, daß das Produkt zweier Quaternionen nur verschwinden kann, wenn wenigstens einer der Faktoren des Produktes Null ist. Sei nämlich

$$ab = 0,$$

so kommt durch Multiplikation mit $(ab)'$

$$ab\,(ab)' = N(ab) = N(a)\,N(b) = 0$$

und folglich entweder

$$N(a) = a_0^2 + a_1^2 + a_2^2 + a_3^2 = 0 \quad \text{oder} \quad N(b) = b_0^2 + b_1^2 + b_2^2 + b_3^2 = 0.$$

Im ersten Falle ist notwendig $a_0 = a_1 = a_2 = a_3 = 0$, also $a = 0$, im zweiten Falle notwendig $b = 0$. Da offenbar

$$a = 2a_0 - a'$$

ist, so ergibt sich

$$a^2 = a(2a_0 - a') = 2a_0 a - a a' = 2a_0 a - N(a).$$

D. h. *für jedes Quaternion a gilt die Gleichung*

$$(23) \qquad a^2 = 2a_0 a - N(a).$$

Um die Umkehrung der Multiplikation, also die *Division*, möglichst einfach behandeln zu können, schicken wir folgendes voraus:

Ist a ein von Null verschiedenes Quaternion, so ist seine Norm $N(a)$ eine reelle positive Zahl. Multiplizieren wir nun die vier Komponenten des zu a konjugierten Quaternions a' mit dem reziproken Wert dieser Norm, so entsteht das Quaternion $\frac{1}{N(a)}\,a'$, welches wir als das *inverse* Quaternion von a bezeichnen und durch

$$(24) \qquad a^{-1} = \frac{1}{N(a)}\,a'$$

andeuten wollen. Der Gleichung (20) zufolge genügt a^{-1} den Gleichungen

$$(25) \qquad a a^{-1} = a^{-1} a = 1$$

und ist durch jede dieser Gleichungen auch völlig bestimmt. Denn soll z. B.

$$x a = 1$$

sein, so folgt durch Multiplikation mit a^{-1}

$$x a a^{-1} = x \cdot 1 = x = a^{-1},$$

so daß also x mit a^{-1} zusammenfallen muß.

Was nun die Division im Gebiete der Quaternionen angeht, so gibt es zwei, im allgemeinen verschiedene Quotienten eines Quaternions b durch ein Quaternion a, welches letztere von Null verschieden vorausgesetzt wird.

Diese Quotienten sind bezüglich die Lösungen ba^{-1} und $a^{-1}b$ der beiden Gleichungen

$$xa = b, \quad \text{bez.} \quad ax = b.$$

Durch die Festsetzungen und Betrachtungen dieser Vorlesung sind nun im Gebiete der Quaternionen die Operationen der Addition, Subtraktion, Multiplikation und Division völlig bestimmt, wobei aber die Division durch das Quaternion Null ausgeschlossen bleibt. Wir wollen schließlich noch bemerken, daß die Gleichung

$$N(ab) = N(a)\,N(b)$$

auf die schon von Euler aufgestellte Identität

$$(a_0 b_0 - a_1 b_1 - a_2 b_2 - a_3 b_3)^2 + (a_0 b_1 + a_1 b_0 + a_2 b_3 - a_3 b_2)^2$$
$$+ (a_0 b_2 - a_1 b_3 + a_2 b_0 + a_3 b_1)^2 + (a_0 b_3 + a_1 b_2 - a_2 b_1 + a_3 b_0)^2$$
$$= (a_0^2 + a_1^2 + a_2^2 + a_3^2)(b_0^2 + b_1^2 + b_2^2 + b_3^2)$$

hinauskommt, welche sich auch leicht direkt bestätigen läßt.

Vorlesung 2.

Die Quaternionenkörper und ihre Permutationen und Inversionen.

Wir werden im folgenden ausschließlich solche Gleichungen zwischen Quaternionen $a, b, c, \ldots, l$ zu betrachten haben, welche die Gestalt

$$(1) \qquad R_1(a, b, c, \ldots, l) = R_2(a, b, c, \ldots, l)$$

besitzen, wo R_1 und R_2 durch alleinige Anwendung der Addition, Subtraktion, Multiplikation und Division aus $a, b, c, \ldots, l$ gebildet sind. Deshalb werden wir unter einer Gleichung zwischen Quaternionen schlechthin stets eine Gleichung der Form (1) verstehen.

Einen Ausdruck der Gestalt $R_1(a, b, c, \ldots, l)$ wollen wir auch als eine *rationale* Funktion der Quaternionen $a, b, c, \ldots, l$ bezeichnen. Zu diesen rationalen Funktionen gehören insbesondere die Quaternionen $a, b, c, \ldots, l$ selbst, wie die Gleichung

$$a = a + a - a$$

zeigt. Desgleichen das Quaternion

$$0 = a - a$$

und, falls unter den Quaternionen $a, b, c, \ldots, l$ mindestens eines, etwa a, vorhanden ist, welches nicht Null ist, das Quaternion

$$1 = aa^{-1}$$

und daher auch jede rationale Zahl, weil eine solche durch ausschließliche Anwendung der Operationen der Addition, Subtraktion und Division aus dem Quaternion 1 gebildet werden kann.

Wir führen nun die folgende Definition ein:

Ein System von unendlich vielen Quaternionen heißt ein Körper, wenn in dem Systeme die Operationen der Addition, Subtraktion, Multiplikation und Division, abgesehen von der Division durch Null, unbeschränkt ausführbar sind.

D. h. es sollen, wenn a und b dem System angehören, stets auch

$a + b$, $a - b$, ab und, falls a nicht Null ist, auch ba^{-1} und $a^{-1}b$ in dem System vorkommen.

Es leuchtet ein, daß, unter $a, b, c, \ldots, l$ Quaternionen eines Körpers verstanden, auch jede rationale Funktion

$$R(a, b, c, \ldots, l)$$

dieser Quaternionen dem Körper angehört. Daher gehört auch jedem beliebigen Körper jede rationale Zahl an.

Das nächstliegende Beispiel eines Körpers wird von der Gesamtheit aller Quaternionen gebildet. Diesen Körper wollen wir als den „*Körper Ω*" bezeichnen.

Ein anderes Beispiel erhalten wir in der Gesamtheit aller *rationalen* Quaternionen, wobei wir unter einem „rationalen" Quaternion ein solches verstehen, dessen vier Komponenten gewöhnliche rationale Zahlen sind. Diesen Körper der rationalen Quaternionen werden wir weiterhin mit R bezeichnen.

Jeder beliebige Körper ist offenbar ein „*Unterkörper*" des Körpers Ω, d. h. er enthält nur Elemente, die auch dem Körper Ω angehören.

An den Begriff des Körpers knüpfen wir nun den Begriff der *Permutation* eines Körpers durch folgende Festsetzung: ·

Ordnet man jedem Quaternion a eines Körpers nach irgend einem Gesetze ein Quaternion $f(a)$ zu, so heißt die Substitution

$$(a, f(a)),$$

die in der Ersetzung von a durch $f(a)$ besteht, eine Permutation des Körpers, wenn durch die Anwendung dieser Substitution jede Gleichung zwischen Quaternionen des Körpers in eine richtige Gleichung übergeht und nicht die sämtlichen Quaternionen $f(a)$ Null sind [2][3].

Wir beweisen nun folgenden Satz:

Die Substitution $(a, f(a))$ ist stets und nur dann eine Permutation, wenn die Quaternionen $f(a)$ nicht sämtlich Null sind und wenn ferner die beiden Gleichungen

$$(2) \qquad f(a + b) = f(a) + f(b), \qquad f(ab) = f(a) f(b)$$

bestehen, unter a, b zwei beliebige Quaternionen des Körpers verstanden.

Zunächst ist leicht einzusehen, daß die Gleichungen (2) jedenfalls gültig sein müssen. Denn sind a und b irgend zwei Quaternionen des Körpers und bezeichnen wir mit s ihre Summe, mit p ihr Produkt, so bestehen die Gleichungen

$$s = a + b, \qquad p = ab.$$

Da diese Gleichungen nun durch Ausübung der Substitution $(a, f(a))$ richtig bleiben sollen, so muß

$$f(s) = f(a) + f(b), \qquad f(p) = f(a)\,f(b)$$

sein und diese Gleichungen gehen in die Gleichungen (2) über, wenn wir s durch $a + b$ und p durch ab ersetzen.

Wir zeigen jetzt, daß umgekehrt $(a, f(a))$ eine Permutation des Körpers ist, wenn die Gleichungen (2) gelten. Hierzu dienen folgende Betrachtungen.

Aus $f(a + 0) = f(a) + f(0)$ folgt zunächst $f(0) = 0$, d. h. dem Quaternion 0 entspricht das Quaternion $f(0) = 0$. Es gibt ferner kein anderes Quaternion a, dessen entsprechendes $f(a)$ Null ist. Denn aus der zweiten Gleichung (2) folgt, wenn $f(a) = 0$ ist, daß $f(ab) = 0$ ist. Würde nun a nicht Null sein, so wäre b so bestimmbar, daß ab ein beliebig gewähltes Quaternion c des Körpers wird. Es würden dann also, entgegen der Voraussetzung, die sämtlichen den Quaternionen des Körpers zugeordneten Quaternionen $f(c)$ verschwinden. Hieraus wollen wir sogleich eine weitere wichtige Folgerung ziehen. Ersetzen wir nämlich in der ersten Gleichung (2) a durch $a - b$, so kommt $f(a) = f(a - b) + f(b)$ und also

$$(3) \qquad\qquad f(a - b) = f(a) - f(b).$$

Ist nun $f(a) = f(b)$, so wird $f(a - b) = 0$ und also $a - b = 0$ oder $a = b$.

Wenn also a und b zwei verschiedene Quaternionen des Körpers sind, so sind notwendig auch die zugeordneten Quaternionen $f(a)$ und $f(b)$ voneinander verschieden.

Nunmehr seien a und b irgend zwei dem Körper angehörende Quaternionen. Geht dann c durch Addition, Multiplikation oder Subtraktion aus a und b hervor, ist also entweder

$$c = a + b, \quad \text{oder} \quad c = a \cdot b, \quad \text{oder} \quad c = a - b,$$

so entsteht das c zugeordnete Quaternion $f(c)$ nach (2) und (3) dadurch, daß man a und b bezüglich durch $f(a)$ und $f(b)$ ersetzt. Das Analoge gilt aber auch, wenn c durch Division aus a und b hervorgeht, d. h. wenn c durch eine der beiden Gleichungen

$$ca = b, \qquad ac = b$$

bestimmt wird, wobei a von Null verschieden vorauszusetzen ist. Nach der zweiten Gleichung (2) ist dann nämlich

$$f(c)f(a) = f(b) \quad \text{bez.} \quad f(a)f(c) = f(b),$$

ferner ist $f(a)$ nicht Null und also $f(c)$ genau so durch $f(a)$ und $f(b)$ vermöge Division bestimmt, wie c durch a und b.

Durch wiederholte Anwendung dieser Tatsachen folgt:

Bezeichnet $R(a, b, c, \ldots, l)$ eine rationale Funktion der Quaternionen $a, b, c, \ldots, l$ des Körpers und also ebenfalls ein dem Körper angehörendes Quaternion, so ist das dem letzteren zugeordnete Quaternion $R(f(a), f(b), f(c), \ldots, f(l))$.

D. h. es entsteht aus $f(a), f(b), f(c), \ldots, f(l)$ durch genau dieselben Operationen der Addition, Subtraktion, Multiplikation und Division, wie $R(a, b, c, \ldots, l)$ aus $a, b, c, \ldots, l$ entstanden ist.

Gilt nun eine Gleichung der Gestalt

$$R_1(a, b, c, \ldots, l) = R_2(a, b, c, \ldots, l),$$

so wird das der linken Seite zugeordnete Quaternion dasselbe sein, wie das der rechten Seite zugeordnete, da ja beide Seiten ein und dasselbe Quaternion des Körpers vorstellen. Es ist also

$$R_1(f(a), f(b), f(c), \ldots, f(l)) = R_2(f(a), f(b), f(c), \ldots, f(l)),$$

womit nun bewiesen ist, daß die Substitution $(a, f(a))$ eine Permutation des Körpers ist, wenn die Gleichungen (2) vorausgesetzt werden.

Bezüglich der Permutationen haben wir nun noch einige allgemeine Bemerkungen zu machen. Setzen wir in der Gleichung $f(ab) = f(a)f(b)$ für a das Quaternion 1 und für b ein von Null verschiedenes Quaternion, so sehen wir, daß stets $f(1) = 1$ sein muß. Da nun jede rationale Zahl r aus der Zahl 1 durch Addition, Subtraktion und Division gebildet werden kann und $f(r)$ in derselben Weise aus $f(1) = 1$ entsteht, wie r aus 1, so muß auch stets $f(r) = r$ sein. D. h.:

Die rationalen Zahlen, die in jedem Körper K enthalten sind, gehen bei jeder Permutation des Körpers K in sich über.

Es sei jetzt K irgendein Körper und $(a, f(a))$ eine Permutation desselben. Durchläuft nun a alle Quaternionen des Körpers K, so durchläuft $f(a)$ gleichzeitig ein unendliches System von untereinander verschiedenen Quaternionen, welches passend mit $f(K)$ bezeichnet werden kann. *Dieses System $f(K)$ ist wiederum ein Körper.* Denn gleichzeitig mit $f(a)$ und $f(b)$ gehören auch Summe, Differenz, Produkt und Quotient von $f(a)$ und $f(b)$ dem Systeme an, weil

$$f(a) + f(b) = f(a + b), \quad f(a) - f(b) = f(a - b) \quad \text{usw.}$$

ist.

Neben den Permutationen können wir noch eine andere ähnliche Art von Substitutionen der Körper betrachten, die wir *Inversionen* nennen wollen.

Bedeutet nämlich a jedes Quaternion eines Körpers, so soll die Sub-stitution

$$(a, f(a))$$

eine „Inversion" des Körpers heißen, wenn die Quaternionen $f(a)$ nicht sämtlich verschwinden, und wenn ferner für je zwei Quaternionen a, b des Körpers die Gleichungen

$$(4) \qquad f(a + b) = f(a) + f(b), \qquad f(ab) = f(b)f(a)$$

gelten.

Die Inversionen lassen sich leicht auf die Permutionen zurückführen. Denn wegen der Gleichungen

$$(a + b)' = a' + b', \qquad (ab)' = b'a',$$

ist die Substitution

$$(a, a'),$$

wobei a' das zu a konjugierte Quaternion bedeutet, offenbar für jeden Körper eine Inversion. Und hieraus folgern wir sofort, daß die Substitution

$$(a, f'(a))$$

die allgemeinste Inversion eines Körpers vorstellt, wenn $(a, f(a))$ seine allgemeinste Permutation ist.

Wir bemerken endlich noch, daß für jeden beliebigen Körper K stets die folgenden Permutationen existieren:

Erstens: Es bedeute q ein von Null verschiedenes, übrigens beliebiges Quaternion. Ordnet man nun dem Quaternion a das Quaternion qaq^{-1} zu, so ist hierdurch eine Permutation des Körpers K definiert. Denn es ist

$$q(a + b)q^{-1} = qaq^{-1} + qbq^{-1}, \qquad q(ab)q^{-1} = qaq^{-1} \cdot qbq^{-1}.$$

Zweitens: Es mögen α, β, γ eine Permutation der Indizes 1, 2, 3 bilden. Sodann bezeichne $f(a)$ dasjenige Quaternion, welches aus a dadurch hervorgeht, daß man i_1, i_2, i_3 durch bez. $\pm i_\alpha$, $\pm i_\beta$, $\pm i_\gamma$ ersetzt, wobei die Vorzeichen der Bedingung

$$(5) \qquad \pm i_\alpha \cdot \pm i_\beta \cdot \pm i_\gamma = -1$$

genügen sollen. Dieser Bedingung können wir immer genügen, da

$$i_1 \cdot i_2 \cdot i_3 = i_3 \cdot i_3 = -1$$

ist. *Die auf solche Weise definierten Substitutionen $(a, f(a))$ sind dann wiederum Permutationen für jeden beliebigen Körper K.*

Denn jede Gleichung zwischen Quaternionen bleibt richtig, wenn man auf dieselbe die Substitution

$$(6) \qquad \begin{pmatrix} i_1, & i_2, & i_3 \\ \pm\, i_\alpha, & \pm\, i_\beta, & \pm\, i_\gamma \end{pmatrix}$$

anwendet, weil diese Substitution unter der Bedingung (5) die Gleichungen (8) der ersten Vorlesung in sich überführt.

Da es sechs Permutationen α, β, γ gibt und acht mögliche Vorzeichenkombinationen, so gibt es im ganzen 48 Substitutionen (6), von welchen die Hälfte, also 24, der Bedingung (5) genügen, während für die andere Hälfte die Gleichung

$$\pm\, i_\alpha \cdot \pm\, i_\beta \cdot \pm\, i_\gamma = +\,1$$

stattfindet. Diejenigen Substitutionen (6), für welche die letzte Gleichung [und nicht die Gleichung (5)] gilt, bilden, wie leicht zu zeigen, nicht Permutationen, sondern Inversionen.

Übrigens werden wir später sehen, daß die Permutation $(a,\, qaq^{-1})$ durch geeignete Wahl des Quaternions q mit jeder der hier betrachteten 24 Permutationen (6) zum Zusammenfallen gebracht werden kann.

Vorlesung 3.

Der Körper R und seine Permutationen.

Auf den Körper R der rationalen Quaternionen, welcher also diejenigen Quaternionen

$$(1) \qquad a = a_0 + a_1 i_1 + a_2 i_2 + a_3 i_3$$

umfaßt, deren Komponenten a_0, a_1, a_2, a_3 rationale Zahlen sind, werden sich fast alle nun folgenden Betrachtungen beziehen. Zunächst wollen wir die sämtlichen Permutationen dieses Körpers bestimmen.

Zu dem Ende beweisen wir den folgenden Hilfssatz:

Genügt irgendein Quaternion j der Gleichung

$$(2) \qquad j^2 = -1,$$

so läßt sich das Quaternion q so wählen, daß

$$(3) \qquad j = q\, i_1 q^{-1}$$

ist.

Sei nämlich b ein beliebiges von Null verschiedenes Quaternion und

$$(4) \qquad c = jb - bi_1.$$

Wenn nun $c = 0$ ist, also

$$jb = bi_1, \quad \text{oder} \quad j = bi_1 b^{-1},$$

so wird $q = b$ die Gleichung (3) befriedigen.

Wenn aber c nicht Null ist, so folgt aus (4)

$$jc = j^2 b - jbi_1 = -b - jbi_1$$

und

$$ci_1 = jbi_1 - bi_1^2 = jbi_1 + b,$$

so daß

$$jc = -ci_1$$

und also

$$jci_2 = -ci_1 i_2 = ci_2 i_1$$

ist. Dann wird also

$$q = ci_2$$

der Gleichung (3) genügen.

Dies vorausgeschickt, sei $(a, f(a))$ irgendeine Permutation des Körpers R. Vermöge derselben mögen die Einheiten i_1, i_2, i_3, welche dem Körper R angehören, übergehen in die Quaternionen

$$f(i_1) = j_1, \quad f(i_2) = j_2, \quad f(i_3) = j_3.$$

Dann wird ein beliebiges rationales Quaternion (1) übergehen in

$$(5) \qquad f(a) = a_0 + a_1 j_1 + a_2 j_2 + a_3 j_3,$$

weil bei jeder Permutation die rationalen Zahlen a_0, a_1, a_2, a_3 in sich selbst übergehen.

Wir zeigen nun, daß das Quaternion q sich so bestimmen läßt, daß

$$(6) \qquad j_1 = q\, i_1 q^{-1}, \quad j_2 = q\, i_2 q^{-1}, \quad j_3 = q\, i_3 q^{-1}$$

und folglich

$$f(a) = q\, a\, q^{-1}$$

wird. Indem man die Permutation $(a, f(a))$ auf die Gleichungen (8) der ersten Vorlesung anwendet, erkennt man zunächst, daß

$$(7) \quad j_1^2 = j_2^2 = j_3^2 = -1, \quad j_1 j_2 = - j_2 j_1 = j_3, \quad j_2 j_3 = - j_3 j_2 = j_1,$$
$$j_3 j_1 = - j_1 j_3 = j_2$$

sein muß. Vermöge des Hilfssatzes können wir q_1 so bestimmen, daß

$$j_1 = q_1\, i_1 q_1^{-1}$$

wird. Wir setzen nun

$$(8) \qquad k_1 = q_1^{-1} j_1 q_1 = i_1, \quad k_2 = q_1^{-1} j_2 q_1, \quad k_2 = q_1^{-1} j_3 q_1,$$

welche Quaternionen denselben Gleichungen (7) genügen, wie j_1, j_2, j_3.

Sei dann weiter

$$(9) \qquad q_2 = 1 \quad \text{oder} \quad q_2 = k_2 i_3 - i_1 = -(k_2 i_2 + 1) i_1,$$

je nachdem $k_2 = i_2$ ist oder nicht. Man hat dann

$$(10) \qquad q_2 i_1 = k_1 q_2, \quad q_2 i_2 = k_2 q_2.$$

Im ersten Falle, wo $q_2 = 1$ zu nehmen ist, leuchtet dies unmittelbar ein. Im zweiten Falle aber folgen die Gleichungen (10) aus den sich aus (9) ergebenden Relationen

$$q_2 i_2 = - k_2 i_1 - i_3, \quad k_2 q_2 = k_2^2 i_3 - k_2 i_1 = - i_3 - k_2 i_1,$$
$$q_2 i_1 = k_2 i_2 + 1, \quad k_1 q_2 = i_1 q_2 = i_1 k_2 (i_1 i_2) + 1 = k_2 i_3 + 1,$$

wobei von der Gleichung $i_1 k_2 i_1 = k_1 k_2 k_1 = k_3 k_1 = k_2$ Gebrauch gemacht wurde.

Infolge der Gleichungen (10) wird nun

$$(11) \qquad q_2^{-1} k_1 q_2 = i_1, \quad q_2^{-1} k_2 q_2 = i_2,$$
$$q_2^{-1} k_3 q_2 = q_2^{-1} k_1 k_2 q_2 = (q_2^{-1} k_1 q_2)(q_2^{-1} k_2 q_2) = i_1 i_2 = i_3.$$

Kombiniert man hiermit die Gleichungen (8), so erkennt man, daß das Quaternion

$$q = q_1 q_2$$

den Gleichungen (6) genügt.

Somit können wir nun folgenden Satz aussprechen:

Die allgemeinste Permutation des Körpers R der rationalen Quaternionen entsteht, wenn man dem Quaternion a das Quaternion $q a q^{-1}$ zuordnet, unter q ein beliebig gewähltes, von Null verschiedenes Quaternion verstanden.

Wir wollen jetzt untersuchen, unter welcher Bedingung zwei Quaternionen q und q_1 zu derselben Permutation des Körpers R Anlaß geben.

Sei für einen Augenblick

$$(12) \qquad q^{-1} q_1 = r = r_0 + r_1 i_1 + r_2 i_2 + r_3 i_3, \quad \text{also} \quad q_1 = q r$$

gesetzt. Damit nun die Permutationen

$$(a, q a q^{-1}) \quad \text{und} \quad (a, q_1 a q_1^{-1}) = (a, q r a r^{-1} q^{-1})$$

identisch seien, muß für jedes rationale Quaternion a

$$q a q^{-1} = q r a r^{-1} q^{-1}, \quad \text{also} \quad a = r a r^{-1} \quad \text{oder} \quad a r = r a$$

sein. Nehmen wir hier $a = i_1$ bzw. $a = i_2$, so kommt $i_1 r = r i_1$, $i_2 r = r i_2$, d. h.

$$i_1 r_0 - r_1 + r_2 i_3 - r_3 i_2 = r_0 i_1 - r_1 - r_2 i_3 + r_3 i_2,$$
$$i_2 r_0 - r_1 i_3 - r_2 + r_3 i_1 = r_0 i_2 + r_1 i_3 - r_2 - r_3 i_1,$$

woraus $r_2 = 0$, $r_3 = 0$, $r_1 = 0$ folgt. Demnach muß r ein reelles Quaternion sein.

Es ergibt sich also die folgende Antwort auf die aufgeworfene Frage:

Die beiden Permutationen $(a, q a q^{-1})$ und $(a, q_1 a q_1^{-1})$ des Körpers R sind stets und nur dann identisch, wenn $q_1 = r q$ ist, unter r ein reelles Quaternion verstanden.

Wenn q ein rationales Quaternion bezeichnet, so durchläuft $q a q^{-1}$ gleichzeitig mit a die Gesamtheit der rationalen Quaternionen und die Permutation $(a, q a q^{-1})$ führt also den Körper R in sich über. Wenn umgekehrt der Körper R durch die Permutation $(a, q a q^{-1})$ in sich übergeht, so hat man

$$(13) \qquad q i_1 = j_1 q, \qquad q i_2 = j_2 q, \qquad q i_3 = j_3 q,$$

wo j_1, j_2, j_3 rationale Quaternionen bedeuten. Durch diese Gleichungen, die linear und homogen mit rationalen Koeffizienten für die Komponenten von q sind, müssen diese Komponenten nach dem vorhergehenden Satze bis auf einen reellen Faktor völlig bestimmt sein, und somit folgt:

Bezeichnet q ein beliebiges von Null verschiedenes rationales Quaternion, so stellt $(a, q a q^{-1})$ die allgemeinste Permutation vor, die den Körper R der rationalen Quaternionen in sich überführt.

Vorlesung 4.

Die ganzen Quaternionen.

Die Zahlentheorie im Körper R der rationalen Quaternionen ist wesentlich abhängig von der Festsetzung darüber, was man unter einem *ganzen* Quaternion verstehen will. Denn erst nach der Definition des Begriffes „ganzes Quaternion" kann man von der „Teilbarkeit" sprechen. Das Nächstliegende würde nun offenbar sein, ein rationales Quaternion dann als „ganz" zu bezeichnen, wenn seine Komponenten *ganze* Zahlen sind[4]). Indessen stellte sich heraus — und dies war von vornherein nach Analogie der Theorie der endlichen Zahlkörper zu vermuten —, daß man zu viel einfacheren Gesetzen geführt wird, wenn der Begriff des ganzen Quaternions in umfassenderer Weise festgelegt wird.

Um diesen Begriff so, wie wir ihn hier unserer Zahlentheorie der Quaternionen zugrunde legen wollen, vorzubereiten, stellen wir zunächst folgende Betrachtungen an.

Unter einem *Modul* verstehen wir ein System von Quaternionen, innerhalb dessen die Operationen der Addition und Subtraktion unbeschränkt ausführbar sind. Es sollen also gleichzeitig mit a und b stets auch $a + b$ und $a - b$ in dem Systeme vorkommen. Ein solcher Modul heißt *endlich*, wenn seine Quaternionen sämtlich aus einer endlichen Zahl unter ihnen, etwa $q_1, q_2, \ldots, q_r$, durch Addition und Subtraktion abgeleitet werden können, so daß der Modul alle und nur diejenigen Quaternionen q umfaßt, welche in der Form

$$(1) \qquad q = m_1 q_1 + m_2 q_2 + \ldots + m_r q_r$$

enthalten sind, unter $m_1, m_2, \ldots, m_r$ ganze Zahlen verstanden. Ein solches System $q_1, q_2, \ldots, q_r$ heißt dann eine *Basis* des betreffenden Moduls. Ein endlicher Modul ist durch Angabe einer Basis vollständig bestimmt; denn alle seine Glieder können wir nach Formel (1) herstellen, wenn wir $q_1, q_2, \ldots, q_r$ kennen.

Zur Bezeichnung desjenigen Moduls, welcher durch die Quaternionen $q_1, q_2, \ldots, q_r$ als Basis bestimmt ist, werden wir das Symbol

$$[q_1, q_2, \ldots, q_r]$$

anwenden, welches demnach nichts anderes bedeutet, als das System aller in der Form (1) darstellbaren Quaternionen. Im folgenden wird es sich nur um Moduln handeln, deren sämtliche Glieder dem Körper R angehören, also rationale Quaternionen sind, und unter einem Modul schlechthin wollen wir deshalb immer einen solchen im Körper R enthaltenen Modul verstehen.

Es gilt nun der folgende Satz:

Ein endlicher Modul besitzt stets eine, aus vier Quaternionen der Gestalt

$$(2) \qquad q_1 = a_{10}, \qquad q_2 = a_{20} + a_{21} i_1, \qquad q_3 = a_{30} + a_{31} i_1 + a_{32} i_2,$$
$$q_4 = a_{40} + a_{41} i_1 + a_{42} i_2 + a_{43} i_3$$

bestehende Basis.

Denken wir uns zunächst die Glieder q des Moduls in der Form (1) dargestellt, so erkennen wir, daß

$$(3) \qquad q = \frac{a_0 + a_1 i_1 + a_2 i_2 + a_3 i_3}{m}$$

gesetzt werden kann, wo a_0, a_1, a_2, a_3 ganze Zahlen und m den Generalnenner der Komponenten der in (1) auftretenden Quaternionen $q_1, q_2, \ldots, q_r$ bezeichnet. Es bedeutet also m eine bestimmte positive ganze Zahl. Wir bestimmen nun q_4 nach folgender Maßgabe: Wenn unter den Quaternionen (3) des Moduls keines vorhanden ist, für welches a_3 nicht Null ist, so setzen wir $q_4 = 0$. Andernfalls nehmen wir für q_4 eines derjenigen Quaternionen des Moduls, für welches a_3 nicht Null und absolut möglichst klein ist. Da mit q stets auch $-q = q - q - q$ dem Modul angehört, so darf das betreffende a_3 *positiv* vorausgesetzt werden. Das auf diese Weise bestimmte Quaternion q_4 sei

$$(4) \qquad q_4 = \frac{d_0 + d_1 i_1 + d_2 i_2 + d_3 i_3}{m}.$$

In analoger Weise bestimmen wir die Quaternionen

$$(5) \qquad q_3 = \frac{c_0 + c_1 i_1 + c_2 i_2}{m}, \qquad q_2 = \frac{b_0 + b_1 i_1}{m}, \qquad q_1 = \frac{a_0}{m}.$$

Nämlich: Es wird $q_3 = 0$ genommen, wenn unter den Quaternionen des Moduls, welche (wie z. B. das Quaternion Null) die Form

$$q = \frac{a_0 + a_1 i_1 + a_2 i_2}{m}$$

besitzen, keines vorhanden ist, für welches a_2 nicht Null ist. Andernfalls aber nehmen wir für q_3 ein solches Quaternion des Moduls, für welches a_2 positiv und möglichst klein ist. Entsprechend sind die Quaternionen q_2 und q_1 zu wählen.

Betrachten wir nun ein beliebiges, aber bestimmtes Quaternion (3) des Moduls, so können wir, falls d_3 positiv ist, die ganze Zahl k_4 so wählen, daß $a_3 - k_4 d_3$ nicht negativ und kleiner als d_3 wird; wir brauchen dazu für k_4 nur den Quotienten der Division von a_3 durch d_3 zu nehmen. Das Quaternion $q - k_4 q_4$ hat nun notwendig die Gestalt

$$(6) \qquad q - k_4 q_4 = \frac{a_0' + a_1' i_1 + a_2' i_2}{m}.$$

Denn wäre der Faktor $a_3 - k_4 d_3$ von i_3, der in $q - k_4 q_4$ auftritt, nicht Null, so würde $q - k_4 q_4$ ein Quaternion des Moduls sein, bei welchem der Faktor von i_3 kleiner als d_3 ist, was der Bestimmungsweise von q_4 widerspricht. Durch Wiederholung dieser Schlußweise erkennen wir, daß zunächst die ganze Zahl k_3 so gewählt werden kann, daß $(q - k_4 q_4) - k_3 q_3$ die Fom $\dfrac{a_0'' + a_1'' i_1}{m}$ erhält, und sodann weiter die ganzen Zahlen k_2 und k_1 so, daß $q - k_4 q_4 - k_3 q_3 - k_2 q_2 - k_1 q_1 = 0$ oder

$$(7) \qquad q = k_1 q_1 + k_2 q_2 + k_3 q_3 + k_4 q_4$$

wird. Hiermit ist unser Satz bewiesen und zugleich gibt unser Beweis eine Methode, um Quaternionen q_1, q_2, q_3, q_4 zu bestimmen, die dem Satze genügen.

Wir wollen nun weiter unter einem *Integritätsbereich* des Körpers R einen solchen endlichen Modul verstehen, innerhalb dessen außer den Operationen der Addition und Subtraktion auch die der Multiplikation unbeschränkt ausführbar ist, und es soll sich jetzt darum handeln, *alle Integritätsbereiche zu bestimmen, welche die vier Einheiten* 1, i_1, i_2, i_3 *enthalten.*

Es sei J ein solcher Integritätsbereich und

$$(8) \quad q_1 = \frac{a_0}{m}, \quad q_2 = \frac{b_0 + b_1 i_1}{m}, \quad q_3 = \frac{c_0 + c_1 i_1 + c_2 i_2}{m}, \quad q_4 = \frac{d_0 + d_1 i_1 + d_2 i_2 + d_3 i_3}{m}$$

eine Basis desselben. Da 1, i_1, i_2, i_3 dem Integritätsbereiche angehören, so ist nach der im vorhergehenden Beweise gegebenen Bestimmungsweise von q_1, q_2, q_3, q_4 klar, daß a_0, b_1, c_2, d_3 positive ganze Zahlen sind, von denen jede einzelne $\leq m$ ist. Nun muß q_1^2 als in J vorkommendes Quaternion gleich $k q_1$, also $q_1 = k$ eine positive ganze Zahl, daher $a_0 = m$ und $q_1 = 1$ sein. Zur näheren Bestimmung von q_2 sei für einen Augenblick

$$q_2 = \alpha + \beta\, i_1$$

gesetzt, wo also $\beta = \dfrac{b_1}{m} \leq 1$ ist. Dann ist

$$q_2^2 = 2\alpha q_2 - (\alpha^2 + \beta^2)$$

notwendig, da nur die Einheiten 1 und i_1 enthaltend, aus q_1 und q_2 zusammengesetzt, also

$$q_2^2 = k_1 q_1 + k_2 q_2 = k_1 + k_2 q_2,$$

wo k_1 und k_2 ganze Zahlen bedeuten. Aus den Gleichungen

$$2\alpha = k_2, \quad \alpha^2 + \beta^2 = -k_1$$

folgern wir, daß 2α und wegen

$$(2\beta)^2 + (2\alpha)^2 = -4k_1$$

auch 2β eine ganze Zahl sein muß. Die Kongruenz $(2\beta)^2 + (2\alpha)^2 \equiv 0$ $(\bmod\, 4)$ kann aber nur bestehen, wenn 2β und 2α *gerade* Zahlen sind. Folglich müssen α und β ganze Zahlen und insbesondere, weil $0 < \beta \leqq 1$ ist, $\beta = 1$ sein. Demnach kommt

$$q_2 = \alpha + \beta i_1 = \alpha + i_1.$$

Nun ändert sich der Modul

$$J = [q_1, q_2, q_3, q_4] = [1, \alpha + i_1, q_3, q_4]$$

nicht, wenn q_2 durch $q_2 - \alpha q_1 = i_1$ ersetzt wird. Daher dürfen wir neben $q_1 = 1$ für q_2 das Quaternion

$$q_2 = i_1$$

wählen.

Aus diesem Resultate ziehen wir noch eine weitere Folgerung. Sei nämlich

$$r + s i_1$$

ein im Integritätsbereich J vorkommendes Quaternion, welches nur die Einheiten 1 und i_1 enthält, so muß dasselbe die Form

$$k_1 q_1 + k_2 q_2 = k_1 + k_2 i_1$$

haben, wo k_1 und k_2 ganze Zahlen bedeuten. Daher sind $r = k_1$, $s = k_2$ notwendig ganze Zahlen. Nun sind aber bei unserer ganzen Betrachtung die Einheiten i_1, i_2, i_3 völlig gleichberechtigt, so daß wir den Satz aussprechen können:

Jedes zweigliedrige Quaternion von einer der Gestalten

$$r + s i_1, \quad r + s i_2, \quad r + s i_3,$$

welches dem Bereiche J angehört, hat notwendig ganzzahlige Komponenten r, s.

Betrachten wir nun die Gleichung

$$q_3^2 = \frac{2 c_0}{m} q_3 - \frac{c_0^2 + c_1^2 + c_3^2}{m^2}$$

und bemerken wir, daß q_3^2 als Quaternion des Bereiches J, das die Einheit i_3 nicht enthält, die Form

$$k_1 q_1 + k_2 q_2 + k_3 q_3 = k_1 + k_2 i_1 + k_3 q_3$$

besitzen muß, so folgt, daß $k_2 = 0$ und

$$\frac{2\,c_0}{m} = k_3, \qquad \frac{c_0^2 + c_1^2 + c_2^2}{m^2} = -\,k_1$$

ganze Zahlen sind. Folglich kommt im Bereiche J auch

$$2\,q_3 - \frac{2\,c_0}{m}\cdot q_1 = \frac{2\,c_1 i_1 + 2\,c_2 i_2}{m}$$

und also auch

$$i_1 \cdot \frac{2\,c_1 i_1 + 2\,c_2 i_2}{m} = \frac{-\,2\,c_1 + 2\,c_2 i_3}{m}$$

vor. Nach dem soeben bewiesenen Satze sind daher auch $\dfrac{2\,c_1}{m}$ und $\dfrac{2\,c_2}{m}$ ganze Zahlen. Wir setzen nun

$$q_3 = \frac{2\,c_0 + 2\,c_1 i_1 + 2\,c_2 i_2}{2\,m} = \frac{r + s\,i_1 + t\,i_2}{2},$$

wo also r, s, t ganze Zahlen bedeuten. Da aber

$$-\,k_1 = \frac{c_0^2 + c_1^2 + c_2^2}{m^2} = \frac{r^2 + s^2 + t^2}{4}$$

eine ganze Zahl ist, so muß jede der Zahlen r, s, t durch 2 teilbar sein; denn die Kongruenz

$$r^2 + s^2 + t^2 \equiv 0 \ (\mathrm{mod}\ 4)$$

kann nicht bestehen, wenn auch nur eine der Zahlen r, s, t ungerade ist.

Wir haben also

$$q_3 = r' + s' i_1 + t' i_2,$$

wobei $t' = \dfrac{c_2}{m} \leqq 1$ und folglich als positive ganze Zahl $= 1$ ist. Nun können wir wieder, ohne den Bereich

$$J = [q_1, q_2, q_3, q_4] = [1, i_1, q_3, q_4]$$

zu ändern, q_3 durch

$$q_3 - r' q_1 - s' q_2 = q_3 - r' - s' i_1 = i_2$$

ersetzen, so daß

$$q_3 = i_2$$

genommen werden darf.

Was endlich q_4 angeht, so muß mit q_4 auch

$$-\,i_1 q_4 i_1 + q_4 = \frac{d_0 + d_1 i_1 - d_2 i_2 - d_3 i_3}{m} + \frac{d_0 + d_1 i_1 + d_2 i_2 + d_3 i_3}{m},$$

d. h. $\dfrac{2\,d_0 + 2\,d_1 i_1}{m}$ im Bereiche J vorkommen. Folglich sind $\dfrac{2\,d_0}{m}$, $\dfrac{2\,d_1}{m}$ ganze Zahlen. Analog ergibt sich, daß $\dfrac{2\,d_2}{m}$, $\dfrac{2\,d_3}{m}$ ganze Zahlen sind und also

$$q_4 = \frac{r + s\,i_1 + t\,i_2 + u\,i_3}{2}$$

gesetzt werden kann. Wegen $\dfrac{d_3}{m} = \dfrac{u}{2} \leqq 1$ ist $u = 1$ oder 2 und, weil q_4 durch

$$q_4 - k_1 q_1 - k_2 q_2 - k_3 q_3 = q_4 - k_1 - k_2 i_1 - k_3 i_2$$

ersetzt werden darf, unter k_1, k_2, k_3 beliebig zu wählende ganze Zahlen verstanden, können r, s, t je auf einen der beiden Werte 0 und 1 gebracht werden. Außerdem muß noch, weil

$$q_4^2 = r q_4 - \frac{r^2 + s^2 + t^2 + u^2}{4}$$

ist, $r^2 + s^2 + t^2 + u^2$ durch 4 teilbar sein. Für $u = 1$ muß daher $r = s = t = 1$, für $u = 2$ aber $r = s = t = 0$ sein.

Fassen wir alles zusammen, so haben wir also folgendes Resultat gewonnen:

Bezeichnet J einen Integritätsbereich des Körpers R, welcher die vier Einheiten enthält, so muß derselbe entweder mit dem Modul

$$\left[1, i_1, i_2, \frac{1 + i_1 + i_2 + i_3}{2} \right] = \left[i_1, i_2, i_3, \frac{1 + i_1 + i_2 + i_3}{2} \right]$$

oder aber mit dem Modul

$$[1, i_1, i_2, i_3]$$

zusammenfallen.

Der erste dieser Moduln, den wir weiterhin stets mit J bezeichnen werden, umfaßt die Gesamtheit der Quaternionen

$$(9) \qquad g = k_0 \varrho + k_1 i_1 + k_2 i_2 + k_3 i_3 \qquad \left(\varrho = \frac{1 + i_1 + i_2 + i_3}{2} \right),$$

der zweite Modul, den wir stets mit J_0 bezeichnen werden, die Gesamtheit der Quaternionen

$$(10) \qquad g_0 = k_0 + k_1 i_1 + k_2 i_2 + k_3 i_3,$$

wo beide Male k_0, k_1, k_2, k_3 alle ganzen rationalen Zahlen zu durchlaufen haben. Daß der Modul J_0 wirklich ein Integritätsbereich ist, daß also das Produkt zweier Quaternionen der Gestalt (10) wieder ein solches ist, leuchtet unmittelbar ein. Aber auch der Modul J ist ein Integritätsbereich, wie aus den Gleichungen

$$(11) \qquad \varrho^2 = \varrho - 1, \qquad i_1 \varrho = \frac{i_1 - 1 + i_3 - i_2}{2} = -\varrho + i_1 + i_3,$$

$$\varrho i_1 = \frac{i_1 - 1 - i_3 + i_2}{2} = -\varrho + i_1 + i_2$$

und den analogen für $i_2 \varrho$, $i_3 \varrho$, ϱi_2, ϱi_3 hervorgeht.

Der Bereich J enthält, da ihm i_1, i_2, i_3 und auch

$$1 = 2 \varrho - i_1 - i_2 - i_3$$

angehören, den ganzen Bereich J_0 der Quaternionen mit ganzzahligen Komponenten in sich; es ist also J der umfassendere Bereich. Daher stellen wir nun die für alles weitere grundlegende Definition des *ganzen* Quaternions folgendermaßen fest:

Ein Quaternion heißt „ganz", wenn es dem Integritätsbereich J angehört, wenn es also auf die Form

$$(12) \qquad g = k_0\varrho + k_1 i_1 + k_2 i_2 + k_3 i_3$$

gebracht werden kann, wo k_0, k_1, k_2, k_3 *ganze Zahlen bedeuten, und* ϱ *das Quaternion*

$$(13) \qquad \varrho = \frac{1 + i_1 + i_2 + i_3}{2}$$

bezeichnet.

Der allgemeine Ausdruck (12) eines ganzen Quaternions läßt sich auch in die Gestalt setzen

$$(14) \qquad g = \tfrac{1}{2}(g_0 + g_1 i_1 + g_2 i_2 + g_3 i_3),$$

wobei dann

$$(15) \qquad g_0 = k_0, \quad g_1 = k_0 + 2k_1, \quad g_2 = k_0 + 2k_2, \quad g_3 = k_0 + 2k_3$$

ist. Hieraus schließen wir:

Die Gleichung (14) *stellt das allgemeinste ganze Quaternion dar, wenn man unter* g_0, g_1, g_2, g_3 *irgendwelche ganze Zahlen versteht, die entweder sämtlich gerade oder sämtlich ungerade sind.*

Das konjugierte Quaternion g' zu einem ganzen Quaternion g ist ebenfalls ganz, und daher $N(g) = gg'$ eine positive ganze Zahl, was auch die Gleichung

$$(16) \quad N(g) = \tfrac{1}{4}(g_0^2 + g_1^2 + g_2^2 + g_3^2) = k_0^2 + k_1^2 + k_2^2 + k_3^2 + k_0(k_1 + k_2 + k_3)$$

direkt bestätigt. Endlich wollen wir noch bemerken, daß das Quaternion (12) dem Bereiche J_0 angehört oder nicht, je nachdem k_0 gerade ist oder nicht.

Nachdem wir nun den Begriff des ganzen Quaternions festgelegt haben, definieren wir die „Teilbarkeit" folgendermaßen:

Das ganze Quaternion a *heißt durch das ganze Quaternion* b *rechtsseitig bzw. linksseitig teilbar, wenn die Gleichung*

$$a = cb, \quad \text{bzw.} \quad a = bc$$

durch ein passend gewähltes ganzes Quaternion c *befriedigt werden kann.*

Es soll dann auch b ein „rechtsseitiger" oder „rechtsstehender" bzw. „linksseitiger" oder „linksstehender" Divisor von a heißen. Hiernach ist das von Null verschiedene ganze Quaternion b ein rechtsseitiger bzw. linksseitiger Divisor von a, wenn ab^{-1} bzw. $b^{-1}a$ ganz ist.

Neben den genannten Bezeichnungen wollen wir auch die Redewendungen gebrauchen: a sei durch b rechtsseitig bzw. linksseitig „teilbar" und b gehe rechtsseitig bzw. linksseitig in a auf.

Da die beiden Gleichungen

$$a = bc \quad \text{und} \quad a' = c'b'$$

immer gleichzeitig stattfinden, so gilt der Satz:

Das ganze Quaternion a ist durch das ganze Quaternion b linksseitig teilbar oder nicht, je nachdem das zu a konjugierte Quaternion a' durch das zu b konjugierte Quaternion b' rechtsseitig teilbar ist oder nicht.

Durch diesen Satz wird die linksseitige Teilbarkeit auf die rechtsseitige zurückgeführt, so daß sich die meisten Sätze, welche sich auf rechtsseitige Teilbarkeit beziehen, ohne weiteres auf die linksseitige übertragen lassen.

Soll das ganze Quaternion ε in jedem anderen, also auch in dem Quaternion 1, rechtsseitig aufgehen, so muß ε^{-1} ganz sein und ε geht dann auch linksseitig in jedem ganzen Quaternion auf.

Ein solches ganzes Quaternion ε, dessen inverses Quaternion ε^{-1} ebenfalls ganz ist, nennen wir eine „Einheit".

Um die sämtlichen Einheiten zu bestimmen, bemerken wir zunächst, daß aus

$$a = bc \quad \text{oder} \quad a = cb$$

stets

$$N(a) = N(b)\,N(c)$$

folgt. Wenn also b ein Divisor von a ist, so ist $N(b)$ ein Divisor von $N(a)$, ein Satz, der indessen nicht umgekehrt werden darf.

Soll nun ε eine Einheit, also Divisor von 1, sein, so muß $N(\varepsilon)$ Divisor von $N(1) = 1$ und folglich

$$(17) \qquad\qquad N(\varepsilon) = \varepsilon\varepsilon' = 1$$

sein. Umgekehrt folgt aus $N(\varepsilon) = 1$, daß $\varepsilon^{-1} = \varepsilon'$, also ε^{-1} gleichzeitig mit ε ganz und daher ε eine Einheit ist. Die Gleichung (17) ist demnach für die Einheiten charakteristisch. Denken wir uns ε auf die Form (14), also

$$\varepsilon = \tfrac{1}{2}(g_0 + g_1 i_1 + g_2 i_2 + g_3 i_3)$$

gebracht, so erhalten wir alle Einheiten durch Auflösung der Gleichung

$$\tfrac{1}{4}(g_0^2 + g_1^2 + g_2^2 + g_3^2) = 1,$$

wobei g_0, g_1, g_2, g_3 ganze Zahlen bezeichnen, die sämtlich gerade oder sämtlich ungerade sind. Die Auflösung dieser Gleichung ist sofort zu vollziehen und so erhält man das Resultat:

Es gibt 24 *Einheiten, nämlich*

$$(18) \qquad \varepsilon = \pm 1, \ \pm i_1, \ \pm i_2, \ \pm i_3, \ \frac{\pm 1 \pm i_1 \pm i_2 \pm i_3}{2}$$

Der Umstand, daß wir unter den „Einheiten" der Quaternionen früher $1, i_1, i_2, i_3$ verstanden haben, jetzt aber auch die vorstehenden 24 in 1 aufgehenden Quaternionen Einheiten nennen, wird zu Irrtümern nicht Anlaß geben können, da stets aus dem Zusammenhange hervorgehen wird, ob das Wort „Einheit" in dem einen oder anderen Sinne zu verstehen ist.

Vorlesung 5.

Die Permutationen der ganzen Quaternionen.

Diejenigen Permutationen des Körpers R, die diesen in sich überführen, sind nach der dritten Vorlesung von der Gestalt

$$(1) \qquad (a, q\,a\,q^{-1}),$$

unter q ein rationales Quaternion verstanden. Wenn nun die Permutation (1) jedes ganze Quaternion a wieder in ein ganzes $f(a) = q\,a\,q^{-1}$ überführt, wenn sie also den Bereich J des Körpers R in sich transformiert, so wollen wir dieselbe eine *Permutation der ganzen Quaternionen* nennen.

Solche Permutationen werden offenbar durch die Festsetzung definiert, daß dem Quaternion a das Quaternion

$$(2) \qquad f(a) = \varepsilon\,a\,\varepsilon^{-1}$$

zugeordnet sein soll, unter ε eine Einheit verstanden. Aber auch das Zuordnungsgesetz

$$(3) \qquad f(a) = \zeta\,a\,\zeta^{-1},$$

wo ζ, wie stets im folgenden, das Quaternion

$$(4) \qquad \zeta = 1 + i_1$$

bedeutet, stellt eine Permutation der ganzen Quaternionen vor. Denn es ist

$$\zeta\,a\,\zeta^{-1} = (1 + i_1)(a_0 + a_1 i_1 + a_2 i_2 + a_3 i_3)\left(\frac{1 - i_1}{2}\right) = a_0 + a_1 i_1 - a_3 i_2 + a_2 i_3,$$

wie die Ausführung des Produktes ergibt. Die Permutation (3) ordnet also dem ganzen Quaternion

$$a = \tfrac{1}{2}(g_0 + g_1 i_1 + g_2 i_2 + g_3 i_3)$$

das Quaternion

$$f(a) = \tfrac{1}{2}(g_0 + g_1 i_1 - g_3 i_2 + g_2 i_3)$$

zu, und letzteres ist wiederum ganz.

Durch die Kombination von (2) und (3) entstehen die weiteren Permutationen

$$(5) \qquad f(a) = \varepsilon\,\zeta\,a\,\zeta^{-1}\,\varepsilon^{-1},$$

und wir wollen nun zeigen, daß mit (2) und (5) *sämtliche Permutationen der ganzen Quaternionen erschöpft sind.*

Zu dem Ende bestimmen wir zunächst die *Anzahl* der Permutationen (2) und (5). Die Permutationen $(a, \varepsilon a \varepsilon^{-1})$ und $(a, \varepsilon_1 a \varepsilon_1^{-1})$ sind nach einem Satze der dritten Vorlesung dann und nur dann identisch, wenn $\varepsilon_1 = r \varepsilon$ ist, unter r ein reelles Quaternion verstanden. Dieses kann als eine der 24 Einheiten nur entweder $+1$ oder -1 sein. Daher liefern immer zwei Einheiten ε und $-\varepsilon$ dieselbe Permutation (2), so daß die Anzahl aller Permutationen (2) die Hälfte der Zahl der Einheiten, also 12, beträgt. Ebenso zeigt sich, daß es 12 Permutationen (5) gibt, die von den 12 Permutationen (2) überdies verschieden sind. Also folgt:

Die Anzahl der durch (2) *und* (5) *dargestellten Permutationen beträgt* 24.

Nun kann es aber nicht mehr als 24 Permutationen der ganzen Permutationen geben. Denn durch jede solche Permutation müssen i_1, i_2, i_3 in drei ganze Quaternionen j_1, j_2, j_3 übergehen, die voneinander verschieden sind und den Gleichungen

$$j_1^2 = j_2^2 = j_3^2 = -1, \qquad j_1 j_2 j_3 = -1$$

genügen, da dieselben Gleichungen von i_1, i_2, i_3 befriedigt werden. Soll aber das ganze Quaternion

$$g = \tfrac{1}{2}(g_0 + g_1 i_1 + g_2 i_2 + g_3 i_3)$$

der Gleichung

$$g^2 = \frac{g_0}{2}(g_0 + g_1 i_1 + g_2 i_2 + g_3 i_3) - N(g) = -1$$

genügen, so muß

$$g_0 g_1 = g_0 g_2 = g_0 g_3 = 0, \qquad \frac{g_0^2}{2} - N(g) = \frac{g_0^2 - g_1^2 - g_2^2 - g_3^2}{4} = -1$$

sein, woraus leicht

$$g_0 = 0, \qquad g_\alpha = \pm 2, \qquad g_\beta = 0, \qquad g_\gamma = 0$$

folgt, unter α, β, γ eine Permutation von 1, 2, 3 verstanden. Die Gleichung $g^2 = -1$ hat also nur die Lösungen

$$g = \pm i_1, \quad \pm i_2, \quad \pm i_3,$$

und daraus folgt:

$$j_1 = \pm i_\alpha, \quad j_2 = \pm i_\beta, \quad j_3 = \pm i_\gamma,$$

wobei überdies die Vorzeichen der Bedingung

$$\pm i_\alpha \cdot \pm i_\beta \cdot \pm i_\gamma = -1$$

unterworfen sind. Demnach muß jede Permutation der ganzen Quaternionen mit einer der 24 in der zweiten Vorlesung erwähnten Permutationen

$$(6) \qquad \begin{pmatrix} i_1, & i_2, & i_3 \\ \pm i_\alpha, & \pm i_\beta, & \pm i_\gamma \end{pmatrix}$$

identisch sein, und somit gibt es keine anderen Permutationen der ganzen Quaternionen als die 24 durch (2) und (5) dargestellten. Beiläufig ergibt sich, daß die letzteren mit den Permutationen (6) zusammenfallen.

Bei jeder Permutation der ganzen Quaternionen gehen die Einheiten in sich über, wie man aus der Darstellung (6) dieser Permutationen und den Ausdrücken der Einheiten

$$\varepsilon = \pm 1, \ \pm i_1, \ \pm i_2, \ \pm i_3, \ \frac{\pm 1 \pm i_1 \pm i_2 \pm i_3}{2}$$

ersieht. Insbesondere wird daher die Permutation (3) jeder Einheit ε_1 wieder eine Einheit $\varepsilon = \zeta \varepsilon_1 \zeta^{-1}$ zuordnen, so daß $\varepsilon \zeta$ in die Gestalt $\zeta \varepsilon_1$ gebracht werden kann. Die 12 Permutationen (5) lassen sich deshalb auch in folgender Form:

$$(5') \qquad f(a) = \zeta \varepsilon a \varepsilon^{-1} \zeta^{-1}$$

darstellen.

Auf Grund der vorhergehenden Betrachtungen ist es nun leicht, die folgende Frage zu erledigen:

Welche ganzen, von Null verschiedenen Quaternionen v haben die Eigenschaft, daß jedes ganze Quaternion a, welches linksseitig durch v teilbar ist, auch notwendig rechtsseitig durch v teilbar ist und umgekehrt?

Hierzu ist jedenfalls zunächst erforderlich, daß jedes Quaternion $a = vg$ auch in der Gestalt $g_1 v$ darstellbar ist, daß also gleichzeitig mit g auch das durch die Gleichung

$$(7) \qquad vg = g_1 v$$

bestimmte Quaternion $g_1 = vgv^{-1}$ ganz ist. Mit anderen Worten: es muß (a, vav^{-1}) eine Permutation der ganzen Quaternionen sein, also mit einer der Permutationen (2) und (5') zusammenfallen. Folglich sind die gesuchten Quaternionen v von einer der Formen

$$(8) \qquad v = r\varepsilon, \qquad v = r\zeta\varepsilon,$$

wobei r ein reelles Quaternion bedeutet, welches, weil v ganz sein soll, eine reelle ganze Zahl sein muß. Umgekehrt hat auch jedes durch die Gleichungen (8) bestimmte Quaternion v die geforderte Eigenschaft, daß in der Gleichung (7) stets g_1 gleichzeitig mit g und auch stets g gleichzeitig mit g_1 ganz ist. Da dann in der Gleichung (7), falls g die Gesamtheit aller ganzen Quaternionen durchläuft, auch das nämliche mit g_1 der Fall ist, so können wir die Quaternionen v auch durch die Aussage charakterisieren, sie seien mit der Gesamtheit der ganzen Quaternionen *vertauschbar*, weshalb wir für sie stets den Buchstaben v verwenden werden.

Wir können demnach das Ergebnis unserer Überlegung so aussprechen:

Diejenigen ganzen Quaternionen v, die mit der Gesamtheit der ganzen Quaternionen vertauschbar sind, werden durch die Gleichungen (8) dargestellt, in denen ε irgendeine Einheit, ζ das Quaternion $1 + i_1$ und r irgendeine reelle ganze Zahl bedeuten.

Bei der Aussage: „ein ganzes Quaternion a sei durch ein Quaternion v teilbar", darf offenbar der Zusatz „rechtsseitig" oder „linksseitig" fortgelassen werden.

Wir wollen schließlich noch bemerken, daß bei den vorhergehenden Untersuchungen das Quaternion $\zeta = 1 + i_1$ auch durch jedes der Quaternionen

$$1 \pm i_1, \quad 1 \pm i_2, \quad 1 \pm i_3$$

hätte ersetzt werden können. Diese Quaternionen gehören sämtlich zu den Quaternionen v und sind, wegen

$$(1 + i_\alpha)(1 - i_\alpha) = 2 \qquad (\alpha = 1, 2, 3),$$

Divisoren der reellen Zahl 2. Übrigens unterscheiden sich die genannten sechs Quaternionen nur durch Einheitsfaktoren. Es ist z. B.

$$1 + i_2 = (1 + i_1) \cdot \frac{1 - i_1 + i_2 - i_3}{2}.$$

Vorlesung 6.

Größter gemeinsamer Teiler und Quaternionen-Ideale.

Es sei

$$(1) \qquad g = k_0 \varrho + k_1 i_1 + k_2 i_2 + k_3 i_3 \qquad \left(\varrho = \frac{1 + i_1 + i_2 + i_3}{2} \right)$$

irgendein ganzes Quaternion und m eine positive ganze Zahl. Dann läßt sich das ganze Quaternion

$$(2) \qquad q = t_0 \varrho + t_1 i_1 + t_2 i_2 + t_3 i_3$$

so bestimmen, daß die Norm von $g - qm$ kleiner als m^2 wird.

Die Komponenten von $g - qm$ besitzen nämlich folgende Werte:

$$\tfrac{1}{2}(k_0 - m t_0), \quad \tfrac{1}{2}(k_0 + 2k_1 - m(t_0 + 2t_1)), \quad \tfrac{1}{2}(k_0 + 2k_2 - m(t_0 + 2t_2)),$$
$$\tfrac{1}{2}(k_0 + 2k_3 - m(t_0 + 2t_3)),$$

und über die ganzen Zahlen t_0, t_1, t_2, t_3 können wir nun der Reihe nach so verfügen, daß diese Komponenten bezüglich absolut kleiner oder gleich

$$\tfrac{1}{4}m, \quad \tfrac{1}{2}m, \quad \tfrac{1}{2}m, \quad \tfrac{1}{2}m$$

werden. Dann wird aber die Norm von $g - qm$ höchstens gleich

$$(\tfrac{1}{16} + \tfrac{1}{4} + \tfrac{1}{4} + \tfrac{1}{4}) m^2 < m^2.$$

Aus dieser Bemerkung ergibt sich nun leicht der Satz:

Bezeichnen a und b zwei ganze Quaternionen, von denen das letztere nicht Null ist, so lassen sich die ganzen Quaternionen q, c und q_1, c_1 so bestimmen, daß

$$3) \qquad a = qb + c,$$

$$(3') \qquad a = b q_1 + c_1$$

und zugleich $N(c) < N(b)$, sowie $N(c_1) < N(b)$ wird.

Um die Existenz der Quaternionen q, c zu beweisen, setzen wir in der vorhergehenden Betrachtung

$$g = a b', \quad m = N(b) = b b'.$$

Es wird dann

$$g - qm = (a - qb)\,b'$$

und

$$N(g - qm) = N(a - qb) \cdot N(b') < m^2 = N(b)\,N(b').$$

Das Quaternion $a - qb = c$ genügt demnach der Gleichung (3) und der Bedingung $N(c) < N(b)$. Ebenso ergibt sich aus der Annahme $g = b'a$, $m = N(b) = b'b$ die Existenz der Quaternionen q_1, c_1.

Auf die Gleichung (3) läßt sich offenbar ein rechtsseitiger und auf die Gleichung (3') ein linksseitiger Divisionsalgorithmus gründen, woraus dann weiter die Existenz eines rechtsseitigen und eines linksseitigen größten gemeinsamen Teilers irgend zweier ganzen Quaternionen, die nicht beide Null sind, folgt.

Indessen ist es einfacher, die Theorie des größten gemeinsamen Teilers auf den nunmehr einzuführenden Begriff der *Quaternion-Ideale*, die wir in der Folge Kürze halber auch wohl Ideale schlechthin nennen werden, zu stützen.

Ein System nicht sämtlich verschwindender ganzer Quaternionen heiße ein rechtsseitiges (bzw. linksseitiges) Ideal, wenn mit a und b auch $a + b$, $a - b$ und ga (bzw. ag) dem Systeme angehören, unter g ein beliebiges ganzes Quaternion verstanden.

Bezeichnet d irgendein von Null verschiedenes ganzes Quaternion und durchläuft g die Gesamtheit aller ganzen Quaternionen, so bildet das System (gd) aller rechtsseitig durch d teilbaren Quaternionen ein rechtsseitiges, das System (dg) aller linksseitig durch d teilbaren Quaternionen ein linksseitiges Ideal. Solche Ideale mögen rechtsseitige bzw. linksseitige *Hauptideale* heißen.

Es gilt nun der Satz:

Jedes Quaternionen-Ideal ist ein Hauptideal.

In der Tat: Es bezeichne $\mathfrak{a}$ irgendein rechtsseitiges Ideal und d eines derjenigen, nicht verschwindenden Quaternionen des Ideals, welche eine möglichst kleine Norm haben. Ein Quaternion c des Ideals, für das $N(c) < N(d)$ wäre, existiert dann also nicht, ausgenommen das Quaternion $c = 0$. Ist nun a irgendein Quaternion des Ideals $\mathfrak{a}$, so gehört auch $a - qd$ dem Ideale an, unter q ein beliebiges ganzes Quaternion verstanden. Dieses läßt sich aber so bestimmen, daß $N(a - qd) < N(d)$ und folglich $a - qd = 0$ oder $a = qd$ wird. Jedes Quaternion a des Ideals $\mathfrak{a}$ gehört also dem Hauptideal (gd) an; umgekehrt gehört jedes Quaternion des Ideals (gd) auch dem Ideale $\mathfrak{a}$ an, weil d ihm angehört. Beide Ideale fallen also völlig zusammen, d. h. es ist $\mathfrak{a} = (gd)$. Ebenso folgt die Richtigkeit unseres Satzes für linksseitige Ideale.

Bezeichnen jetzt a und b irgend zwei ganze Quaternionen, die nicht beide Null sind, so bildet die Gesamtheit der Quaternionen

$$(4) \qquad (ga + hb) \quad \text{bzw.} \quad (ag + bh),$$

wo g und h alle ganzen Quaternionen durchlaufen, offenbar ein rechtsseitiges bzw. linksseitiges Ideal. Nach unserem Satze fällt etwa das erste mit dem Hauptideal (gd), das zweite mit dem Hauptideal $(d_1 g)$ zusammen:

$$(5) \qquad (ga + hb) = (gd), \qquad (ag + bh) = (d_1 g).$$

Da a und b in den beiden Idealen (4), also auch in (gd) und $(d_1 g)$ vorkommen, und ebenso d bzw. d_1 in den Idealen $(ga + hb)$ bzw. $(ag + bh)$ enthalten sind, so können wir demnach folgenden Satz aussprechen:

Je zwei ganze Quaternionen a und b, die nicht beide Null sind, haben einen gemeinsamen rechtsseitigen Teiler d, welcher in der Form

$$(6) \qquad d = ga + hb,$$

und einen gemeinsamen linksseitigen Teiler d_1, welcher in der Form

$$(7) \qquad d_1 = ag_1 + bh_1$$

darstellbar ist.

Hier bedeuten in den Gleichungen (6) und (7) g, h, g_1, h_1 ganze Quaternionen.

Die Teiler d und d_1 nennen wir den größten gemeinsamen rechtsseitigen oder rechtsstehenden bezüglich linksseitigen oder linksstehenden Teiler von a und b.

Wir wollen jetzt untersuchen, wie weit diese gemeinsamen Teiler durch die beiden Quaternionen a und b bestimmt sind, wobei wir uns auf den rechtsstehenden Teiler beschränken dürfen, da für den linksstehenden die analogen Betrachtungen gelten. Wir fragen: Unter welcher Bedingung ist sowohl d als auch $\bar{d}$ rechtsstehender größter gemeinsamer Teiler derselben ganzen Quaternionen a und b?

Hierzu muß offenbar das Hauptideal (gd) mit dem Hauptideal $(g\bar{d})$ zusammenfallen, also $d = g\bar{d}$ und $\bar{d} = \bar{g}d$ sein, unter g und $\bar{g}$ ganze Quaternionen verstanden. Hieraus folgt weiter

$$d = g\bar{g}d, \qquad 1 = g\bar{g},$$

so daß g und $\bar{g}$ Einheiten sein müssen. Ist umgekehrt

$$(8) \qquad \bar{d} = \varepsilon d,$$

wo ε eine Einheit bezeichnet, so fallen die Hauptideale (gd) und $(g\bar{d})$ zusammen. Also folgt:

Der rechtsstehende größte gemeinsame Teiler d von zwei ganzen

Quaternionen, die nicht beide Null sind, ist bis auf einen linksstehenden Einheitsfaktor bestimmt.

Analog ist der linksstehende größte gemeinsame Teiler d_1 von zwei ganzen Quaternionen, die nicht beide Null sind, bis auf einen rechtsstehenden Einheitsfaktor bestimmt. Ferner gilt:

Jeder rechtsseitige (bzw. linksseitige) Divisor von d (bzw. d_1) ist gemeinsamer rechtsseitiger (bzw. linksseitiger) Divisor von a und b und umgekehrt.

Dies folgt unmittelbar aus den Gleichungen

$$(9) \qquad a = a_1 d, \qquad b = b_1 d, \qquad d = ga + hb,$$

in denen a_1, b_1 ganze Quaternionen bedeuten, und aus den analogen Gleichungen für den linksstehenden größten gemeinsamen Teiler d_1 von a und b.

Den letzten Satz können wir auch in folgender Weise aussprechen, wobei die vollkommene Analogie mit der charakteristischen Eigenschaft des größten gemeinsamen Teilers in der niederen Zahlentheorie hervortritt:

Die gemeinsamen rechtsseitigen Divisoren zweier nicht beide verschwindenden ganzen Quaternionen a und b stimmen genau überein mit den rechtsseitigen Divisoren ihres rechtsseitigen größten gemeinsamen Teilers d.

Wenn der größte gemeinsame rechtsseitige (bzw. linksseitige) Teiler von a und b eine Einheit ist, so wollen wir a und b rechtsseitig (bzw. linksseitig) *teilerfremd* nennen. Sind a und b rechtsseitig teilerfremd, so läßt sich, der Gleichung (6) zufolge, die Gleichung $ga + hb = \varepsilon$ und also auch $(\varepsilon^{-1} g)a + (\varepsilon^{-1} h)b = 1$ oder

$$(10) \qquad\qquad ga + hb = 1$$

durch ganze Quaternionen g, h befriedigen. Umgekehrt folgt auch aus dem Bestehen einer Gleichung der Gestalt (10), daß a und b keinen rechtsseitigen gemeinsamen Teiler besitzen können, außer den Einheiten. Entsprechendes gilt, wenn a und b linksseitig teilerfremd sind.

Falls die ganzen Quaternionen a und b einen rechtsseitigen oder linksseitigen gemeinsamen Teiler d besitzen, der keine Einheit ist, so leuchtet ein, daß $N(a)$ und $N(b)$ einen von 1 verschiedenen gemeinsamen Teiler, nämlich $N(d)$, besitzen. Dieser Satz läßt sich für den Fall umkehren, daß eines der beiden Quaternionen a und b zu den Quaternionen v gehört. Mit anderen Worten, es läßt sich folgendes beweisen:

Ein beliebiges ganzes Quaternion a und ein ganzes Quaternion v, welches mit der Gesamtheit der ganzen Quaternionen vertauschbar ist, *sind stets gleichzeitig rechtsseitig und linksseitig teilerfremd oder nicht. Und zwar tritt der erste oder zweite Fall ein, je nachdem $N(a)$ und $N(v)$ teilerfremd sind oder nicht.*

Um diesen Satz zu beweisen, brauchen wir nur zu zeigen, daß $N(a)$ $N(v)$ sicher teilerfremd sind, wenn a und v keinen gemeinsamen Teiler außer 1 besitzen. Wir dürfen dabei rechtsseitige Teilbarkeit zugrunde legen, weil sich für linksseitige Teilbarkeit alles analog gestaltet.

Angenommen also, es seien a und v rechtsseitig teilerfremd, was wir durch die Gleichung

$$ga + hv = 1$$

zum Ausdruck bringen. Aus dieser Gleichung folgt

$$N(ga) = N(1 - hv) = (1 - hv)(1 - v'h')$$

oder

$$(11) \qquad N(a)N(g) = 1 - hv - v'h' + N(v)N(h).$$

Nun ist nach der fünften Vorlesung

$$(12) \qquad v = r\varepsilon \quad \text{oder} \quad v = r\zeta\varepsilon,$$

wobei r eine reelle ganze Zahl, $\zeta = 1 + i_1$ und ε eine Einheit ist. Je nachdem wird also

$$(12\,\mathrm{a}) \qquad N(a)N(g) = 1 - rh\varepsilon - r\varepsilon'h' + r^2 N(h)$$

oder aber

$$N(a)N(g) = 1 - rh\zeta\varepsilon - r\varepsilon'\zeta'h' + 2r^2 N(h)$$

welche letztere Gleichung auch so geschrieben werden kann:

$$(12\,\mathrm{b}) \qquad N(a)N(g) = 1 - r(1 + i_1)h_1 - r(1 - i_1)h_2 + 2r^2 N(h),$$

wobei h_1 und h_2 wieder ganze Quaternionen bedeuten. Dabei ist von der Vertauschbarkeit von $\zeta = 1 + i_1$ und $\zeta' = 1 - i_1$ mit der Gesamtheit der ganzen Quaternionen Gebrauch gemacht. Im Falle der Gleichung (12 a) würde ein gemeinsamer Primfaktor von $N(a)$ und $N(v) = r^2$ in allen Gliedern der Gleichung (12 a) mit Ausnahme des Gliedes 1 der rechten Seite aufgehen; ein solcher Primfaktor kann also nicht existieren. Im Falle der Gleichung (12 b) würde man ebenfalls auf einen Widerspruch kommen, wenn man annehmen wollte, $N(a)$ und $N(v) = 2r^2$ besäßen einen gemeinsamen Primfaktor. Denn in r kann derselbe nicht aufgehen, weil er sonst nach Gleichung (12 b) auch in 1 aufgehen müßte und der Primfaktor $2 = (1 + i_1)(1 - i_1)$ kann es nicht sein, weil sonst, wegen $(1 - i_1) = -(1 + i_1)i_1$, alle Glieder der Gleichung (12 b) bis auf das Glied 1 durch $1 + i_1$ teilbar wären.

Aus dem hiermit bewiesenen Satze folgt insbesondere, daß bei der Aussage: die beiden Quaternionen a und v seien teilerfremd oder nicht, der Zusatz „rechtsseitig" oder „linksseitig" fortgelassen werden kann.

Vorlesung 7.

Gerade und ungerade Quaternionen. Assoziierte und primäre Quaternionen.

Bezeichnet v irgend eines der (von Null verschiedenen) Quaternionen

$$r\varepsilon, \quad r\zeta\varepsilon = r(1 + i_1)\varepsilon,$$

die mit der Gesamtheit der ganzen Quaternionen vertauschbar sind, so soll die Kongruenz

$$(1) \qquad\qquad a \equiv b \,(\mathrm{mod}\, v)$$

ausdrücken, daß die Differenz $a - b$ der beiden ganzen Quaternionen a und b durch v teilbar ist. Wenn die Kongruenz (1) besteht, so kann jede der beiden Gleichungen

$$(1') \qquad\qquad a - b = gv,$$

$$(1'') \qquad\qquad a - b = vh$$

durch ein ganzes Quaternion g, bzw. h befriedigt werden. Umgekehrt darf man von jeder einzelnen dieser beiden Gleichungen auf die Kongruenz (1) schließen. Denn ein Quaternion v ist ja stets gleichzeitig rechtsseitiger und linksseitiger Divisor von $a - b$ oder keins von beiden.

Durch Übergang von den Kongruenzen zu den entsprechenden Gleichungen sehen wir sofort, daß solche Kongruenzen wie Gleichungen addiert und subtrahiert und auf beiden Seiten mit demselben ganzen Quaternion sowohl rechtsseitig wie linksseitig multipliziert werden dürfen. Da ein Quaternion $v = r\varepsilon$, bzw. $r(1 + i_1)\varepsilon$ und sein konjugiertes $v' = r\varepsilon'$ bzw. $r\varepsilon'(1 - i_1)$ gegenseitig durch einander teilbar sind, so besteht auch zugleich mit (1) stets die Kongruenz

$$(2) \qquad\qquad a' \equiv b' \,(\mathrm{mod}\, v),$$

wo a', b' wie gewöhnlich die zu a und b konjugierten Quaternionen bedeuten. Die zu einem bestimmten Quaternion a nach dem Modul v kongruenten Quaternionen werden wir in eine *Klasse* für diesen Modul rechnen: Diese Klasse entsteht also, wenn wir in $a + gv$ oder auch in

$a + vg$ den Faktor g alle ganzen Quaternionen durchlaufen lassen. Aus der Gleichung (1') ist ersichtlich, daß der größte gemeinsame Teiler von a und v ungeändert bleibt, wenn man a durch irgendein Quaternion b ersetzt, welches modulo v in dieselbe Klasse wie a gehört. Dieser Teiler kann daher kurz als Teiler der Klasse bezeichnet werden. Ist der Teiler der Klasse 1, so enthält dieselbe ausschließlich zum Modul v teilerfremde Quaternionen. Auch der Begriff des *vollständigen* Restsystems, ferner des vollständigen Systems teilerfremder Reste oder, wie wir ein solches auch kurz nennen wollen, des *reduzierten* Restsystems läßt sich unmittelbar aus der niederen Zahlentheorie auf den hier eingeführten Kongruenzbegriff im Gebiete der ganzen Quaternionen übertragen.

Zunächst werden wir in dieser Vorlesung nur Kongruenzen nach den Moduln

$$v = \zeta = 1 + i_1, \quad v = 2 \quad \text{und} \quad v = 2\zeta$$

betrachten. Was den Modul $v = \zeta$ angeht, so folgt aus den Gleichungen

$$i_1 - 1 = i_1(i_1 + 1), \quad -i_2 + 1 = \frac{1 - i_1 - i_2 - i_3}{2}(1 + i_1),$$
$$-i_3 + 1 = \frac{1 - i_1 + i_2 - i_3}{2}(1 + i_1),$$

daß

$$i_1 \equiv i_2 \equiv i_3 \equiv 1 \,(\text{mod}\, 1 + i_1)$$

ist. Daher gilt für jedes ganze Quaternion die Kongruenz

$$g = k_0\varrho + k_1 i_1 + k_2 i_2 + k_3 i_3 \equiv k_0\varrho + k_1 + k_2 + k_3 \,(\text{mod}\, \zeta).$$

Da aber Multipla von 2 durch ζ teilbar sind, ist weiter jedes ganze Quaternion g, je nach dem Reste von k_0 und $k_1 + k_2 + k_3 \,(\text{mod}\, 2)$, einem der Quaternionen

$$0, 1, \varrho, \varrho + 1$$

kongruent nach dem Modul ζ. Diese Reste sind untereinander inkongruent; denn ihre gegenseitigen Differenzen sind, wie man sofort konstatiert, nicht durch $1 + i_1$ teilbar. Wegen der Gleichung

$$\varrho^2 = \varrho - 1$$

kann der Rest $\varrho + 1$ auch durch $(\varrho + 1) - 2 = \varrho^2$ ersetzt werden. Somit folgt:

Die Quaternionen

$$(3) \qquad\qquad 0, 1, \varrho, \varrho^2$$

bilden ein vollständiges Restsystem für den Modul $\zeta = 1 + i_1$.

Die durch den Rest 0 dargestellte Klasse umfaßt alle durch $1 + i_1$ teilbaren ganzen Quaternionen. Dagegen enthalten die Klassen, die durch

$1, \varrho, \varrho^2$ repräsentiert werden, nur zu $1 + i_1$ teilerfremde Quaternionen, weil $1, \varrho, \varrho^2$ als Einheiten zu $1 + i_1$ (wie zu jedem ganzen Quaternion) teilerfremd sind. Nach der letzten Vorlesung ist dafür, daß ein ganzes Quaternion a zu $v = 1 + i_1$ teilerfremd sei, notwendig und hinreichend, daß $N(a)$ zu $N(v) = 2$ teilerfremd ist. Wenn daher $N(a)$ gerade ist, so wird a durch $1 + i_1$ teilbar sein, andernfalls nicht. Indem wir diese Tatsache wiederholt anwenden, erhalten wir den Satz:

Ist $N(a)$ durch 2^r, aber durch keine höhere Potenz von 2 teilbar, so hat man

$$(4) \qquad a = (1 + i_1)^r b,$$

wo b eine ungerade Norm besitzt und also zu $(1 + i_1)$ teilerfremd ist.

Ein solches Quaternion b von ungerader Norm wollen wir weiterhin ein *ungerades* Quaternion nennen. Ist in der Darstellung (4) des Quaternions a der Exponent $r \geq 2$, so hat a den Divisor $(1 + i_1)^2 = 2 i_1$, und also auch den Divisor 2. Ein solches Quaternion heiße daher *gerade*, während im Falle $r = 1$, wo a genau durch die erste Potenz von $1 + i_1$ teilbar ist, a als *halbgerade* bezeichnet werden mag[5]).

Sehr einfach können wir durch ihre Reste modulo ζ auch diejenigen ganzen Quaternionen kennzeichnen, welche ganzzahlige Komponenten besitzen, also dem Bereiche J_0 angehören. Denn

$$g = k_0 \varrho + k_1 i_1 + k_2 i_2 + k_3 i_3$$

gehört dem Bereiche J_0 an oder nicht, je nachdem k_0 gerade oder ungerade ist. Im ersten Falle ist aber nach dem Modul ζ

$$g \equiv k_1 + k_2 + k_3 \equiv 0 \text{ oder } 1,$$

im zweiten Falle dagegen

$$g \equiv \varrho + k_1 + k_2 + k_3 \equiv \varrho \text{ oder } \varrho + 1 \equiv \varrho^2.$$

D. h.

Ein ganzes Quaternion besitzt stets und nur dann ganzzahlige Komponenten, wenn es kongruent 0 oder 1 nach dem Modul $\zeta = 1 + i_1$ ist.

Wir wollen jetzt die ganzen Quaternionen bezüglich des Moduls $v = 2$ näher betrachten. Bezüglich dieses Moduls wird

$$g = k_0 \varrho + k_1 i_1 + k_2 i_2 + k_3 i_3.$$

ein vollständiges Restsystem durchlaufen, wenn k_0, k_1, k_2, k_3 unabhängig voneinander jeden der Werte 0, 1 erhalten. Das so entstehende Restsystem besteht aus 16 Gliedern und kann noch dadurch abgeändert werden, daß man in dem einzelnen Gliede die auftretenden Werte von k_0, k_1, k_2, k_3 durch beliebige andere ihnen modulo 2 bezüglich kongruente Zahlen ersetzt. Auf diese Weise ergibt sich der Satz:

Die 12 *Einheiten*

$$(5) \qquad\qquad 1,\; i_1,\; i_2,\; i_3,\; \frac{1 \pm i_1 \pm i_2 \pm i_3}{2}$$

und die 4 *Quaternionen*

$$(6) \qquad\qquad 0,\; 1+i_1,\; 1+i_2,\; 1+i_3$$

bilden ein vollständiges Restsystem für den Modul 2.

Die 12 Einheiten bilden für sich offenbar ein reduziertes Restsystem modulo 2. Sei nun b ein beliebiges ungerades Quaternion. Durchläuft dann ε die Einheiten (5), so wird $b\varepsilon$ ebenfalls ein reduziertes Restsystem durchlaufen und es wird daher eine unter den Einheiten vorhanden sein, für welche

$$b\varepsilon \equiv 1 \,(\mathrm{mod}\,2)$$

wird. Außer ε wird auch $-\varepsilon$ diese Kongruenz befriedigen und offenbar weiter keine unter allen 24 Einheiten, weil diese aus den Quaternionen (5) und den zu ihnen entgegengesetzten Quaternionen bestehen. Die analoge Überlegung können wir auf die Produkte εb anwenden und erhalten so zunächst:

Ist b ein ungerades Quaternion, so gibt es zwei bis aufs Vorzeichen bestimmte Einheiten ε und ε_1, welche den Kongruenzen

$$(7) \qquad\qquad b\varepsilon \equiv \varepsilon_1 b \equiv 1 \,(\mathrm{mod}\,2)$$

genügen.

Nun ist jedes Quaternion, welches $\equiv 1 \,(\mathrm{mod}\,2)$ ist, von der Gestalt $1+2g$ und, da $0, 1, \varrho, \varrho^2$ ein vollständiges Restsystem $(\mathrm{mod}.\ \zeta = 1 + i_1)$ bilden, ist $1+2g$ von einer der Formen

$$1+2g = 1 + 2\zeta g_1, \quad 1 + 2(\zeta g_1 + 1), \quad 1 + 2(\zeta g_1 + \varrho), \quad 1 + 2(\zeta g_1 + \varrho^2).$$

D. h., jedes Quaternion, welches $\equiv 1 \,(\mathrm{mod}\,2)$ ist, ist nach dem Modul 2ζ kongruent einem der Quaternionen

$$1, \quad 1+2 \equiv -1, \quad 1+2\varrho, \quad 1+2\varrho^2 \equiv -1-2\varrho.$$

Haben wir also die Einheiten ε und ε_1 zunächst so bestimmt, daß die Kongruenzen (7) gelten und also $b\varepsilon$ und $\varepsilon_1 b$ je einem der Quaternionen ± 1, $\pm(1+2\varrho)$ für den Modul 2ζ kongruent sind, so können wir durch eventuelle Vorzeichenänderungen von ε und ε_1 bewirken, daß

$$b\varepsilon \equiv 1 \text{ oder } 1+2\varrho \text{ und } \varepsilon_1 b \equiv 1 \text{ oder } 1+2\varrho \,(\mathrm{mod}\,2\zeta)$$

wird.

Bevor wir dieses wichtige Resultat in einem Satze formulieren, wollen wir noch die folgenden Bezeichnungen einführen:

Unter einem primären Quaternion verstehen wir ein solches ganzes Quaternion, welches nach dem Modul $2(1+i_1)$ entweder zu 1 *oder zu*

$1 + 2\varrho$ *kongruent ist*[6]). *Zwei ganze Quaternionen heißen rechtsseitig (bzw. linksseitig) assoziiert, wenn sie sich nur um einen rechts (bzw. links) stehenden Einheitsfaktor unterscheiden.*

Das erhaltene Resultat läßt sich dann so aussprechen:

Unter den 24 zu einem ungeraden Quaternion b rechtsseitig (linksseitig) assoziierten Quaternionen gibt es stets eines, welches primär ist.

Die beiden Reste 1 und $1 + 2\varrho$ bilden modulo 2ζ eine „multiplikative" Gruppe, wie aus der Kongruenz $(1 + 2\varrho)^2 \equiv 1 \ (\mathrm{mod}\ 2\zeta)$ hervorgeht. Daher besteht der Satz:

Das Produkt zweier primären Quaternionen ist wieder ein primäres Quaternion.

Je nachdem $b \equiv 1$ oder $1 + 2\varrho\,(\mathrm{mod}\ 2\zeta)$ ist, wird das zu b konjugierte Quaternion b' die Kongruenz $b' \equiv 1$ oder $\equiv 1 + 2\varrho' \equiv -(1 + 2\varrho)$ $(\mathrm{mod}\ 2\zeta)$ befriedigen und es folgt also:

Bezeichnet b ein primäres Quaternion, so ist b' oder $-b'$ primär, je nachdem $b \equiv 1$ oder $b \equiv 1 + 2\varrho\,(\mathrm{mod}\ 2\zeta)$ ist.

Es verdient noch hervorgehoben zu werden, daß ein primäres Quaternion immer ganzzahlige Komponenten besitzt, also dem Bereiche J_0 angehört, wie dies aus der Kongruenz $b \equiv 1\,(\mathrm{mod}\ 2)$ nach einem in dieser Vorlesung bewiesenen Satze unmittelbar folgt.

Vorlesung 8.

Die ganzen Quaternionen nach einer ungeraden Zahl als Modul.

Wir wollen jetzt den Fall des Moduls $v = m$, unter m eine positive ungerade Zahl verstanden, näher betrachten. Da m ungerade ist, so gibt es zu jedem ganzen Quaternion

$$g = k_0 \varrho + k_1 i_1 + k_2 i_2 + k_3 i_3$$

ein modulo m kongruentes mit ganzzahligen Komponenten; z. B. ist

$$g \equiv k_0 (1 + m) \varrho + k_1 i_1 + k_2 i_2 + k_3 i_3 \pmod{m}$$

und da der Faktor $k_0(1 + m)$ gerade ist, so steht hier rechts ein Quaternion mit ganzzahligen Komponenten. Jedes beliebige ganze Quaternion wird daher einem, und offenbar auch nur einem, unter den m^4 Quaternionen

$$(1) \qquad q = q_0 + q_1 i_1 + q_2 i_2 + q_3 i_3 \qquad (q_0, q_1, q_2, q_3 = 0, 1, 2, \ldots, m - 1)$$

modulo m kongruent sein. Mit anderen Worten:

Die m^4 Quaternionen (1) *bilden ein vollständiges Restsystem für den Modul m.*

Wir ziehen jetzt andererseits auch in bezug auf den Modul m die ganzzahligen binären Substitutionen

$$(2) \qquad \left\{ \begin{array}{l} x_1' \equiv \alpha x_1 + \beta x_2 \\ x_2' \equiv \gamma x_1 + \delta x_2 \end{array} \right\} \pmod{m}$$

in Betracht, wobei also zwei Substitutionen

$$S = \begin{pmatrix} \alpha, \beta \\ \gamma, \delta \end{pmatrix}, \qquad \overline{S} = \begin{pmatrix} \bar{\alpha}, \bar{\beta} \\ \bar{\gamma}, \bar{\delta} \end{pmatrix}$$

dann als nicht verschieden gelten, wenn

$$\alpha \equiv \bar{\alpha}, \quad \beta \equiv \bar{\beta}, \quad \gamma \equiv \bar{\gamma}, \quad \delta \equiv \bar{\delta} \pmod{m}$$

ist. Auch die Anzahl dieser Substitutionen beträgt m^4. Die Gesamtheit *aller* ganzzahligen Substitutionen $S = \begin{pmatrix} \alpha, \beta \\ \gamma, \delta \end{pmatrix}$ (ohne Rücksicht auf einen festen Zahlenmodul) können und wollen wir als ein System komplexer

Zahlen mit vier Komponenten $\alpha, \beta, \gamma, \delta$ auffassen, in welchem Addition und Multiplikation durch die Gleichungen

$$\begin{pmatrix} \alpha, & \beta \\ \gamma, & \delta \end{pmatrix} + \begin{pmatrix} \bar{\alpha}, & \bar{\beta} \\ \bar{\gamma}, & \bar{\delta} \end{pmatrix} = \begin{pmatrix} \alpha + \bar{\alpha}, & \beta + \bar{\beta} \\ \gamma + \bar{\gamma}, & \delta + \bar{\delta} \end{pmatrix},$$

$$\begin{pmatrix} \alpha, & \beta \\ \gamma, & \delta \end{pmatrix} \begin{pmatrix} \bar{\alpha}, & \bar{\beta} \\ \bar{\gamma}, & \bar{\delta} \end{pmatrix} = \begin{pmatrix} \alpha\bar{\alpha} + \beta\bar{\gamma}, & \alpha\bar{\beta} + \beta\bar{\delta} \\ \gamma\bar{\alpha} + \delta\bar{\gamma}, & \gamma\bar{\beta} + \delta\bar{\delta} \end{pmatrix}$$

definiert sein sollen.

Dies festgesetzt, besteht nun der folgende Satz, welcher einer der bemerkenswertesten der Zahlentheorie der Quaternionen ist:

Die m^4 Quaternionen q lassen sich den m^4 Substitutionen S eindeutig umkehrbar so zuordnen, daß für irgend zwei einander zugeordnete q und S die Kongruenz

$$(3) \qquad\qquad N(q) \equiv \alpha\delta - \beta\gamma \ (\mathrm{mod}\ m)$$

gilt und daß ferner, wenn q und S sowie $\bar{q}$ und $\bar{S}$ einander zugeordnet sind, dem Quaternion $q + q$ die Substitution $S + S$ und dem Quaternion $q\bar{q}$ die Substitution $S\bar{S}$ zugeordnet ist.

Dabei sind natürlich $q + \bar{q}$, $q\bar{q}$ sowie $S + \bar{S}$, $S\bar{S}$ in bezug auf den Modul m zu nehmen.

Beim Beweise dieses Satzes gebrauchen wir den folgenden Hilfssatz [7]):

Die ganzen Zahlen r und s lassen sich so bestimmen, daß

$$(4) \qquad\qquad 1 + r^2 + s^2 \equiv 0 \ (\mathrm{mod}\ m)$$

wird.

Es genügt, dieses für den Fall zu zeigen, wo $m = p$ eine ungerade Primzahl ist. Denn nach bekannten Überlegungen aus der elementaren Theorie der Kongruenzen folgt dann sukzessive die Lösbarkeit der Kongruenz (4) für den Fall, wo m Potenz einer ungeraden Primzahl, und endlich für den Fall, wo m ein Produkt von beliebig vielen ungeraden Primzahlpotenzen, also eine beliebige ungerade Zahl ist. Wenn nun $m = p$, eine ungerade Primzahl, ist, so durchläuft $1 + r^2$ im ganzen $\dfrac{p+1}{2}$ untereinander modulo p inkongruente Zahlen, wenn $r = 0, 1, 2, \ldots, \dfrac{p-1}{2}$ gesetzt wird; desgleichen durchläuft $- s^2$ im ganzen $\dfrac{p+1}{2}$ solche Zahlen, wenn $s = 0, 1, 2, \ldots, \dfrac{p-1}{2}$ gesetzt wird. Unter den Zahlen $1 + r^2$ muß daher notwendig eine vorkommen, die einer der Zahlen $- s^2$ kongruent ist, widrigenfalls wir $\dfrac{p+1}{2} + \dfrac{p+1}{2} = p + 1$ untereinander modulo p inkongruente Zahlen erhalten würden. Demnach ist also die Kongruenz $1 + r^2 \equiv - s^2$ oder $1 + r^2 + s^2 \equiv 0 \ (\mathrm{mod}\ p)$ wirklich lösbar.

Nun wollen wir r und s der Kongruenz (4) gemäß wählen. Dann ist offenbar:

$$(5) \quad q_0^2 + q_1^2 + q_2^2 + q_3^2 \equiv [q_0^2 - (rq_2 + sq_3)^2] - [(sq_2 - rq_3)^2 - q_1^2] \ (\mathrm{mod}\ m)$$

und durch die Kongruenzen

$$(6) \quad \left\{ \begin{aligned} \alpha &\equiv \quad\ \ q_0 - rq_2 - sq_3 \\ \delta &\equiv \quad\ \ q_0 + rq_2 + sq_3 \\ \beta &\equiv \quad\ \ q_1 - sq_2 + rq_3 \\ \gamma &\equiv -\,q_1 - sq_2 + rq_3 \end{aligned} \right\} \ (\mathrm{mod}\ m),$$

deren Umkehrungen

$$(7) \quad \left\{ \begin{aligned} 2\,q_0 &\equiv \alpha + \delta \\ 2\,q_1 &\equiv \beta - \gamma \\ 2\,q_2 &\equiv r(\alpha - \delta) + s(\beta + \gamma) \\ 2\,q_3 &\equiv s(\alpha - \delta) - r(\beta + \gamma) \end{aligned} \right\} \ (\mathrm{mod}\ m)$$

lauten, werden daher die Quaternionen (1) den Substitutionen (2) eindeutig umkehrbar so zugeordnet, daß gemäß (5)

$$(8) \qquad N(q) \equiv \alpha\delta - \beta\gamma \ (\mathrm{mod}\ m)$$

ist. Indem wir die Kongruenzen (7) der Reihe nach mit den Einheiten $1, i_1, i_2, i_3$ multiplizieren und dann addieren, können wir sie in die eine Kongruenz

$$(9) \qquad 2\,q \equiv \alpha\xi_1 + \beta\xi_2 + \gamma\xi_3 + \delta\xi_4 \ (\mathrm{mod}\ m)$$

zusammenziehen, wobei dann $\xi_1, \xi_2, \xi_3, \xi_4$ die mit den Zahlen r, s gebildeten Quaternionen

$$(10) \quad \xi_1 = 1 + ri_2 + si_3, \quad \xi_2 = i_1 + si_2 - ri_3, \quad \xi_3 = -i_1 + si_2 - ri_3,$$
$$\xi_4 = 1 - ri_2 - si_3$$

bezeichnen. Wenn nun neben (9) die Kongruenz

$$(11) \qquad 2\,\bar{q} \equiv \bar{\alpha}\xi_1 + \bar{\beta}\xi_2 + \bar{\gamma}\xi_3 + \bar{\delta}\xi_4 \ (\mathrm{mod}\ m)$$

besteht, so ergibt die Addition von (9) und (11) unmittelbar, daß der Summe $q + \bar{q}$ die Substitution $S + \bar{S}$ entspricht. Die Multiplikation derselben Kongruenzen ergibt unter Benutzung der Beziehungen

$$\left. \begin{aligned} \xi_1^2 &\equiv \xi_2\xi_3 \equiv 2\xi_1, & \xi_1\xi_2 &\equiv \xi_2\xi_4 \equiv 2\xi_2 \\ \xi_3\xi_1 &\equiv \xi_4\xi_3 \equiv 2\xi_3, & \xi_3\xi_2 &\equiv \xi_4^2 \equiv 2\xi_4 \end{aligned} \right\} \ (\mathrm{mod}\ m)$$

sowie der weiteren Beziehungen

$$\left. \begin{aligned} \xi_1\xi_3 &\equiv \xi_1\xi_4 \equiv 0, & \xi_2\xi_1 &\equiv \xi_3\xi_4 \equiv 0 \\ \xi_4\xi_1 &\equiv \xi_4\xi_2 \equiv 0, & \xi_2^2 &\equiv \xi_3^2 \equiv 0 \end{aligned} \right\} \ (\mathrm{mod}\ m)$$

die Kongruenz

$$(12) \quad 2q\bar{q} \equiv (\alpha\bar{\alpha}+\beta\bar{\gamma})\,\xi_1+(\alpha\bar{\beta}+\beta\bar{\delta})\,\xi_2+(\gamma\bar{\alpha}+\delta\bar{\gamma})\,\xi_3+(\gamma\bar{\beta}+\delta\bar{\delta})\,\xi_4 \pmod{m},$$

welche ihrerseits zeigt, daß dem Quaternion $q\bar{q}$ die Substitution $S\bar{S}$ zugeordnet ist. Hiermit ist unser Satz, den wir kurz den „*Zuordnungssatz*" nennen wollen, vollständig bewiesen[8]).

Die beim Beweise benutzten Formeln (6) und (7) lassen leicht noch folgendes erkennen. Besitzen q_0, q_1, q_2, q_3 mit dem Modul m keinen, allen fünf Zahlen gemeinsamen Teiler, so können auch die entsprechenden Zahlen α, β, γ, δ mit m keinen solchen Teiler haben und umgekehrt. Bezeichnen wir daher ein Quaternion $q = q_0 + q_1 i_1 + q_2 i_2 + q_3 i_3$ als *primitiv nach* m, wenn q_0, q_1, q_2, q_3 und m keinen gemeinsamen Teiler außer 1 besitzen und ebenso die Substitution $S = \begin{pmatrix} \alpha & \beta \\ \gamma & \delta \end{pmatrix}$ als *primitiv nach* m, wenn α, β, γ, δ, m nur den gemeinsamen Teiler 1 besitzen, so gilt der Satz:

Einem nach m *primitiven Quaternion ist eine nach* m *primitive Substitution zugeordnet und umgekehrt.*

Wir wollen nun aus dem Zuordnungssatz einige Folgerungen ziehen.

Es soll sich zunächst um die Bestimmung der Anzahl $\psi(m)$ der modulo m inkongruenten Quaternionen q handeln, die nach m primitiv sind und der Bedingung

$$(13) \qquad N(q) \equiv 0 \pmod{m}$$

genügen. Diese Anzahl $\psi(m)$ ist nach dem Zuordnungssatz dieselbe, wie die Anzahl der nach m primitiven Substitutionen, für die

$$(14) \qquad \alpha\delta - \beta\gamma \equiv 0 \pmod{m}$$

ist. Wenn nun $m = m_1 m_2$ ist, wo m_1 und m_2 teilerfremd sind, so gilt

$$(15) \qquad \psi(m) = \psi(m_1)\,\psi(m_2).$$

Denn: genügen α, β, γ, δ der Kongruenz (14) und ist

$$\alpha \equiv \alpha_1, \quad \beta \equiv \beta_1, \quad \gamma \equiv \gamma_1, \quad \delta \equiv \delta_1 \pmod{m_1},$$
$$\alpha \equiv \alpha_2, \quad \beta \equiv \beta_2, \quad \gamma \equiv \gamma_2, \quad \delta \equiv \delta_2 \pmod{m_2},$$

so bestehen auch die Kongruenzen

$$(16) \qquad \begin{cases} \alpha_1 \delta_1 - \beta_1 \gamma_1 \equiv 0 \pmod{m_1}, \\ \alpha_2 \delta_2 - \beta_2 \gamma_2 \equiv 0 \pmod{m_2} \end{cases}$$

und umgekehrt. Daher gibt das Produkt der Anzahlen der Lösungen der beiden Kongruenzen (16) in der Tat die Anzahl der Lösungen der Kongruenz (14). Dieser Bemerkung zufolge ist

$$(17) \qquad \psi(m) = \prod \psi(p^k),$$

das Produkt über die Primzahlpotenzen p^k erstreckt, aus denen sich m zusammensetzt.

Die Anzahl $\psi(p^k)$ können wir nun weiter auf $\psi(p)$ zurückführen. Es bedeutet $\psi(p^k)$ die Anzahl der „primitiven" Lösungen der Kongruenz

$$(18) \qquad \alpha\delta - \beta\gamma \equiv 0 \;(\mathrm{mod}\; p^k),$$

d. h. derjenigen Lösungen, für welche $\alpha, \beta, \gamma, \delta$ nicht sämtlich durch p teilbar sind. Ist nun $\alpha_0, \beta_0, \gamma_0, \delta_0$ eine bestimmte dieser Lösungen, so wird

$$\alpha = \alpha_0 + p^k x, \quad \beta = \beta_0 + p^k y, \quad \gamma = \gamma_0 + p^k z, \quad \delta = \delta_0 + p^k t$$

der Kongruenz

$$(19) \qquad \alpha\delta - \beta\gamma \equiv 0 \;(\mathrm{mod}\; p^{k+1})$$

genügen, wenn

$$\alpha_0\delta_0 - \beta_0\gamma_0 + p^k(\alpha_0 t + \delta_0 x - \beta_0 z - \gamma_0 y) \equiv 0 \;(\mathrm{mod}\; p^{k+1})$$

oder

$$\frac{\alpha_0\delta_0 - \beta_0\gamma_0}{p^k} + \alpha_0 t + \delta_0 x - \beta_0 z - \gamma_0 y \equiv 0 \;(\mathrm{mod}\; p)$$

ist. Da nun unter den Zahlen $\alpha_0, \beta_0, \gamma_0, \delta_0$ mindestens eine nicht durch p teilbare vorhanden ist, so können wir drei der Zahlen x, y, z, t willkürlich annehmen, worauf die vierte (welche einen durch p nicht teilbaren Koeffizienten hat) modulo p dann eindeutig bestimmt ist. Folglich entspringen aus jeder Lösung von (18) genau p^3 Lösungen von (19), oder es ist

$$\psi(p^{k+1}) = p^3\psi(p^k).$$

Durch wiederholte Anwendung dieser Gleichung kommt

$$(20) \qquad \psi(p^k) = p^{3(k-1)}\psi(p).$$

Was nun die $\psi(p)$ primitiven Lösungen von

$$\alpha\delta - \beta\gamma \equiv 0 \;(\mathrm{mod}\; p)$$

angeht, so zerlegen wir diese in p Gruppen, indem wir eine Lösung in die erste, zweite, ..., p-te Gruppe rechnen, je nachdem bezüglich

$$\alpha\delta \equiv \beta\gamma \equiv 1, \;\; \alpha\delta \equiv \beta\gamma \equiv 2, \;\; \ldots, \;\; \alpha\delta \equiv \beta\gamma \equiv p-1, \;\; \alpha\delta \equiv \beta\gamma \equiv 0 \;(\mathrm{mod}\; p)$$

ist. Jede der ersten $p-1$ Gruppen umfaßt offenbar $(p-1)^2$ Lösungen, die letzte Gruppe aber $(2p-1)^2 - 1 = 4p^2 - 4p$ Lösungen, wo das subtraktive Glied -1 davon herrührt, daß die Lösung $\alpha = \beta = \gamma = \delta = 0$ von $\alpha\delta - \beta\gamma \equiv 0$ auszuschließen ist. Daher ist

$$(21) \quad \psi(p) = (p-1)^3 + 4p^2 - 4p = p^3 + p^2 - p - 1 = (p^2-1)(p+1).$$

Nach (20) kommt weiter

$$\psi(p^k) = p^{3k}\left(1 - \frac{1}{p^2}\right)\left(1 + \frac{1}{p}\right)$$

und schließlich nach (17)

$$(22) \qquad \psi(m) = m^3 \prod \left(1 - \frac{1}{p^2}\right) \left(1 + \frac{1}{p}\right).$$

Damit haben wir folgendes Resultat erhalten:

Die Anzahl der modulo m inkongruenten Quaternionen q, die nach m primitiv sind und der Bedingung

$$N(q) \equiv 0 \ (\mathrm{mod}\ m)$$

genügen, beträgt

$$m^3 \prod \left(1 - \frac{1}{p^2}\right) \left(1 + \frac{1}{p}\right),$$

wo das Produkt über alle Primfaktoren p von m zu erstrecken ist.

In ähnlicher Weise bestimmen wir die Anzahl $\chi(m)$ der modulo m inkongruenten Quaternionen, die der Bedingung

$$(23) \qquad N(q) \equiv 1 \ (\mathrm{mod}\ m)$$

genügen. Nach dem Zuordnungssatz ist diese Anzahl so groß wie die der Lösungen der Kongruenz

$$\alpha\delta - \beta\gamma \equiv 1 \ (\mathrm{mod}\ m),$$

und genau wie für $\psi(m)$ ergibt sich sukzessive

$$(24) \qquad \chi(m) = \prod \chi(p^k),$$

das Produkt über die Primzahlpotenzen p^k erstreckt, aus denen sich m zusammensetzt, und

$$(25) \qquad \chi(p^k) = p^{3(k-1)} \chi(p).$$

Um $\chi(p)$ zu bestimmen, zerlegen wir die $\chi(p)$ Lösungen der Kongruenz

$$\alpha\delta - \beta\gamma \equiv 1 \ (\mathrm{mod}\ p)$$

in p Gruppen, indem wir eine Lösung in die erste, zweite, ..., p-te Gruppe rechnen, je nachdem bezüglich

$$\left.\begin{array}{l} \beta\gamma \equiv 1 \\ \alpha\delta \equiv 2 \end{array}\right\}, \quad \left.\begin{array}{l} \beta\gamma \equiv 2 \\ \alpha\delta \equiv 3 \end{array}\right\}, \quad \ldots, \quad \left.\begin{array}{l} \beta\gamma \equiv p-1 \\ \alpha\delta \equiv 0 \end{array}\right\}, \quad \left.\begin{array}{l} \beta\gamma \equiv 0 \\ \alpha\delta \equiv 1 \end{array}\right\} \ (\mathrm{mod}\ p)$$

ist. Jede der ersten $p - 2$ Gruppen enthält offenbar $(p-1)^2$ Lösungen, jede der letzten beiden Gruppen aber $(p-1)(2p-1)$ Lösungen. Daher kommt

$$\chi(p) = (p-2)(p-1)^2 + 2(p-1)(2p-1) = p(p^2-1),$$

und hieraus unter Benutzung von (24) und (25):

Die Anzahl der modulo m inkongruenten ganzen Quaternionen, deren Norm kongruent 1 modulo m ist, beträgt

$$\chi(m) = m^3 \prod \left(1 - \frac{1}{p^2}\right),$$

das Produkt über alle Primfaktoren von m erstreckt.

Da die Norm des Produktes gleich dem Produkt der Normen ist, so bilden diese $\chi(m)$ Quaternionen modulo m eine multiplikative Gruppe, die nach 'dem Zuordnungssatz der Gruppe der modulo m ·betrachteten homogenen, binären, unimodularen Substitutionen „holoedrisch isomorph" ist. Man bezeichnet ja bekanntlich zwei Gruppen G und G' als holoedrisch isomorph, wenn die Elemente von G denen von G' eindeutig umkehrbar so zugeordnet sind, daß, falls den Elementen E und $\bar{E}$ von G bezüglich die Elemente E' und $\bar{E}'$ von G' entsprechen, stets auch dem Element $E\bar{E}$ von G das Element $E'\bar{E}'$ von G' entspricht.

Es ist eine bemerkenswerte Tatsache, daß ein vollständiges Restsystem der ganzen Quaternionen nach einer ungeraden Zahl $m > 1$ als Modul stets so gewählt werden kann, daß in dem Restsystem die 24 Einheiten als Glieder vorkommen. Dies beruht auf dem folgenden Satze:

Zwei voneinander verschiedene Einheiten können niemals nach einer ungeraden Zahl $m > 1$ als Modul einander kongruent sein.

Angenommen nämlich, es sei

$$\varepsilon_2 \equiv \varepsilon_1 \pmod{m}.$$

Dann folgt durch Multiplikation mit ε_1^{-1}, wenn $\varepsilon_2 \varepsilon_1^{-1} = \eta$ gesetzt wird

$$\eta \equiv 1 \pmod{m}.$$

Von den 24 Einheiten genügt aber, wie man sofort konstatiert, nur $\eta = 1$ dieser Kongruenz. Also ist notwendig $\eta = \varepsilon_2 \varepsilon_1^{-1} = 1$ oder $\varepsilon_2 = \varepsilon_1$, w. z. b. w.

Da das Produkt zweier Einheiten wieder eine solche ist, so bilden die 24 Einheiten eine multiplikative Gruppe. Diese ist nach der soeben bewiesenen Tatsache eine Untergruppe der $\chi(m)$ inkongruenten Quaternionen q, welche der Bedingung $N(q) \equiv 1 \pmod{m}$ genügen, wo m eine beliebige ungerade Zahl bezeichnet. Im einfachsten Falle $m = 3$ ergibt sich aber $\chi(m) = 3^3 \left(1 - \frac{1}{3^2}\right) = 24$, also genau gleich der Anzahl der Einheiten. Hieraus folgt:

Die Gruppe der 24 Einheiten ist holoedrisch isomorph zur Gruppe der modulo 3 betrachteten ganzen Quaternionen, deren Norm kongruent 1 modulo 3 ist, oder auch zur Gruppe der modulo 3 betrachteten homogenen, binären, unimodularen ganzzahligen Substitutionen.

Die letztere Gruppe ist bekanntlich holoedrisch isomorph zu der Gruppe der sogenannten homogenen Tetraedersubstitutionen [9]).

Als eine weitere Anwendung des Zuordnungssatzes, die uns in der nächsten Vorlesung von Nutzen sein wird, wollen wir die folgende Frage behandeln:

Es sei p eine ungerade Primzahl und f eines derjenigen $\psi(p) = (p^2 - 1)(p + 1)$ Quaternionen eines Restsystems modulo p, welche der Bedingung

$$N(f) \equiv 0 \ (\mathrm{mod}\ p)$$

genügen, aber nicht lauter durch p teilbare Komponenten haben.

Wie groß ist die Anzahl der modulo p inkongruenten Quaternionen x, welche die Kongruenz

$$(27) \qquad\qquad xf \equiv 0 \ (\mathrm{mod}\ p)$$

befriedigen?

Sei $\begin{pmatrix} \alpha\ \beta \\ \gamma\ \delta \end{pmatrix}$ die dem Quaternion f zugeordnete Substitution, so sind $\alpha, \beta, \gamma, \delta$ nicht sämtlich durch p teilbar und $\alpha\delta - \beta\gamma \equiv 0 \ (\mathrm{mod}\ p)$. Die gesuchte Anzahl ist nun gerade so groß, wie die Anzahl der Substitutionen

$$\begin{pmatrix} x_1,\ x_2 \\ x_3,\ x_4 \end{pmatrix},$$

deren Koeffizienten die Bedingungen

$$\begin{pmatrix} x_1,\ x_2 \\ x_3,\ x_4 \end{pmatrix} \begin{pmatrix} \alpha,\ \beta \\ \gamma,\ \delta \end{pmatrix} \equiv 0 \ (\mathrm{mod}\ p)$$

d. h.

$$\left. \begin{array}{l} x_1\alpha + x_2\gamma \equiv 0 \\ x_1\beta + x_2\delta \equiv 0 \end{array} \right\} (\mathrm{mod}\ p). \qquad \left. \begin{array}{l} x_3\alpha + x_4\gamma \equiv 0 \\ x_3\beta + x_4\delta \equiv 0 \end{array} \right\} (\mathrm{mod}\ p)$$

befriedigen. Die Zahlen $\alpha, \beta, \gamma, \delta$ sind nicht sämtlich durch p teilbar und wir wollen z. B. annehmen, daß α durch p unteilbar sei, und α' aus $\alpha\alpha' \equiv 1 \ (\mathrm{mod}\ p)$ bestimmen. Von den beiden Kongruenzen, die x_1, x_2 befriedigen müssen, ergibt dann die erste

$$x_1 \equiv - x_2\alpha'\gamma \ (\mathrm{mod}\ p),$$

während dann die zweite wegen

$$\alpha(x_1\beta + x_2\delta) \equiv \beta(x_1\alpha + x_2\gamma) + (\alpha\delta - \beta\gamma)x_2 \ (\mathrm{mod}\ p)$$

von selbst erfüllt ist. Demnach ist x_2 willkürlich wählbar, worauf $x_1 \equiv - x_2\alpha'\gamma$ eindeutig bestimmt ist. Analoges gilt für x_3 und x_4. Man erhält daher genau p^2 Wertsysteme x_1, x_2, x_3, x_4, und also das Resultat:

Die Kongruenz (27) *besitzt* p^2 *inkongruente Auflösungen* x.

Dabei ist das Quaternion $x \equiv 0 \ (\mathrm{mod}\ p)$ als Lösung mitgezählt.

Vorlesung 9.

Die Primquaternionen.

Wir wollen nun den der Primzahl der niederen Zahlentheorie entsprechenden Begriff einführen, nämlich den Begriff des *Primquaternions*. Diesen definieren wir so:

Ein ganzes Quaternion π, welches keine Einheit ist, nennen wir ein Primquaternion, wenn die Gleichung

$$(1) \qquad\qquad \pi = ab,$$

wo a und b ganze Quaternionen bedeuten, keine Lösungen außer solchen besitzt, für welche einer der Faktoren a und b eine Einheit ist.

Daß es unendlich viele solche Primquaternionen gibt, wird sich im weiteren Verlauf unserer Untersuchungen ganz von selbst ergeben. Wir brauchen uns deshalb mit dem Nachweis der Existenz von Primquaternionen nicht aufzuhalten.

Besteht die Gleichung (1), so gilt auch

$$(2) \qquad\qquad N(\pi) = N(a)\,N(b).$$

Wenn daher die Norm $N(\pi)$ eines ganzen Quaternions π eine Primzahl ist, so kann die Gleichung (1) nicht anders bestehen, als wenn $N(a)$ oder $N(b) = 1$, also a oder b eine Einheit ist. Dann ist also sicher π ein Primquaternion. Aber auch das Umgekehrte ist richtig, so daß also der folgende Satz gilt:

Ein ganzes Quaternion π ist dann und nur dann ein Primquaternion, wenn seine Norm $N(\pi)$ eine Primzahl ist.

Dem Beweise, daß die Norm eines Primquaternions in der Tat notwendig eine Primzahl ist, schicken wir folgenden Hilfssatz voraus:

Eine Primzahl, aufgefaßt als ein reelles Quaternion, ist niemals ein Primquaternion.

Für die Primzahl 2 folgt dies aus der Gleichung

$$2 = (1 + i_1)(1 - i_1).$$

Ist aber p eine ungerade Primzahl, so können wir nach der letzten Vorlesung ein Quaternion

$$q = q_0 + q_1 i_1 + q_2 i_2 + q_3 i_3$$

bestimmen, dessen Komponenten nicht sämtlich durch p teilbar sind, während

$$N(q) = q_0^2 + q_1^2 + q_2^2 + q_3^2 \equiv 0 \;(\mathrm{mod}\; p)$$

ist. Sei dann δ der größte gemeinsame rechtsstehende Teiler von p und q. Da $N(p) = p^2$ und $N(q)$ den gemeinsamen Teiler p besitzen, kann δ nach einem in der sechsten Vorlesung bewiesenen Satze keine Einheit sein. Wenn nun etwa

$$p = \delta_1 \delta, \qquad q = \delta_2 \delta$$

ist, so kann auch δ_1 keine Einheit sein, weil sonst δ mit p assoziiert wäre und daher p in allen Komponenten von $q = \delta_2 \delta = \delta_2 \delta_1^{-1} p$ aufgehen müßte. Die Gleichung

$$p = \delta_1 \delta$$

zeigt nun, daß die Primzahl p kein Primquaternion ist.

Dies vorausgeschickt, sei nun π irgendein Primquaternion und p ein Primfaktor von $N(\pi)$. Nach dem soeben benutzten Satze der sechsten Vorlesung haben dann π und p einen gemeinsamen Teiler, der keine Einheit ist und folglich als Teiler des Primquaternions π mit π assoziiert sein muß. Demnach ist p durch π teilbar, etwa

$$(3) \qquad\qquad p = \pi \pi_1$$

und folglich

$$p^2 = N(\pi) N(\pi_1).$$

Da nun π_1 keine Einheit sein kann, weil sonst $p = \pi \pi_1$ mit π assoziiert und also ein Primquaternion wäre, so muß

$$(4) \qquad\qquad N(\pi) = p$$

sein, w. z. b. w.

Wie die Gleichung (4) zeigt, ist in der Gleichung (3) der Faktor π_1 das zu π konjugierte Quaternion π'. Ferner leuchtet ein, daß jedes Primquaternion Faktor einer Primzahl ist, die mit der Norm des betreffenden Primquaternions zusammenfällt.

Wir wollen nun die sämtlichen in einer Primzahl aufgehenden Primquaternionen bestimmen.

Was zunächst die Primzahl 2 angeht, so ist, abgesehen von Einheitsfaktoren,

$$\zeta = 1 + i_1$$

das einzige Primquaternion, welches Faktor von 2 ist. Denn aus $N(\pi) = 2$

folgt nach den Sätzen der siebenten Vorlesung, daß $\pi = (1 + i_1)\,\varepsilon$ ist, wo ε eine Einheit bedeutet. Indem wir uns zur Bestimmung aller in einer gegebenen ungeraden Primzahl p aufgehenden Primquaternionen wenden, bemerken wir zunächst, daß es offenbar genügt, die primären unter ihnen zu betrachten. Denn aus diesen gehen alle übrigen durch (rechtsseitige oder linksseitige) Multiplikation mit Einheiten hervor.

Wir verstehen nun unter f irgendeines derjenigen

$$\psi(p) = (p^2 - 1)(p + 1)$$

nach p primitiven Quaternionen eines vollständigen Restsystems modulo p, deren Norm durch p teilbar ist. Dabei wollen wir diese Quaternionen f so wählen, daß $N(f)$ durch p, aber nicht durch p^2 teilbar ausfällt. Diese Annahme ist erlaubt. Denn ersetzen wir

$$f = f_0 + f_1 i_1 + f_2 i_2 + f_3 i_3$$

durch das kongruente Quaternion

$$\bar{f} = f_0 + f_1 i_1 + f_2 i_2 + f_3 i_3 + p\,(t_0 + t_1 i_1 + t_2 i_2 + t_3 i_3),$$

so tritt an die Stelle von $N(f)$ die Zahl

$$N(\bar{f}) = (f_0 + p t_0)^2 + (f_1 + p t_1)^2 + (f_2 + p t_2)^2 + (f_3 + p t_3)^2$$
$$= N(f) + 2p\,(t_0 f_0 + t_1 f_1 + t_2 f_2 + t_3 f_3)\ (\mathrm{mod}\ p^2).$$

Sollte nun $N(f)$ durch p^2 teilbar sein, so können wir die ganzen Zahlen t_0, t_1, t_2, t_3 so wählen, daß $N(\bar{f})$ durch p^2 nicht teilbar wird; z. B. indem wir diese Zahlen der Bedingung

$$t_0 f_0 + t_1 f_1 + t_2 f_2 + t_3 f_3 \equiv 1\ (\mathrm{mod}\ p)$$

gemäß annehmen, was möglich ist, weil f_0, f_1, f_2, f_3 nicht sämtlich durch p teilbar sind. Weil $N(f)$ durch p teilbar ist, hat f mit p einen größten rechtsseitigen gemeinsamen Teiler π, der keine Einheit und überdies völlig durch die Forderung bestimmt ist, daß er primär sein soll. · Es ist dann etwa

$$(5) \qquad\qquad f = \alpha\,\pi, \qquad p = \pi'\pi,$$

und da π nicht mit p assoziiert sein kann, weil sonst f durch p teilbar wäre, so muß π ein Primquaternion von der Norm p sein. In dieser Weise entspringt aus jedem Quaternion f ein primäres Primquaternion von der Norm p. Man ist auch sicher, auf diesem Wege alle diese Primquaternionen zu erhalten. Denn bezeichnet π irgendeines derselben, so wird dasselbe, wie leicht ersichtlich, jedenfalls aus demjenigen Quaternion f hervorgehen, welches $\equiv \pi\ (\mathrm{mod}\ p)$ ist. Bildet man also für jedes einzelne Quaternion f die Gleichungen (5), so findet man alle primären Primquaternionen π von der Norm p.

Jedes solche Primquaternion entsteht aber auf diese Weise $p^2 - 1$-mal.

Um dieses einzusehen, fragen wir zunächst, unter welcher Bedingung f und $f^{(1)}$ zu *demselben* Quaternion π Anlaß geben. Wir erkennen leicht, daß hierfür die Lösbarkeit der Kongruenz

$$(6) \qquad f^{(1)} \equiv qf \,(\mathrm{mod}\ p)$$

durch ein ganzes Quaternion q notwendig und hinreichend ist.

In der Tat, wenn gemäß dem Ansatz (5)

$$f = \alpha\pi, \qquad f^{(1)} = \alpha^{(1)}\pi$$

ist, so sind $N(\alpha)$ und $N(\alpha^{(1)})$ teilerfremd zu p, weil $N(f)$ und $N(f^{(1)})$ wohl durch p, aber nicht durch p^2 teilbar sind. Folglich läßt sich q aus der Kongruenz

$$(7) \qquad q\alpha \equiv \alpha^{(1)} \,(\mathrm{mod}\ p)$$

bestimmen, da diese auf $qN(\alpha) \equiv \alpha^{(1)}\alpha' \,(\mathrm{mod}\ p)$ hinauskommt. Durch Multiplikation der Kongruenz (7) mit π kommt dann

$$q\alpha\pi \equiv \alpha^{(1)}\pi \quad \text{oder} \quad qf \equiv f^{(1)} \,(\mathrm{mod}\ p).$$

Umgekehrt: wenn die Kongruenz (6) besteht und $f = \alpha\pi$ ist, so hat man

$$f^{(1)} = q\alpha\pi + q^{(1)}p = (q\alpha + q^{(1)}\pi')\pi,$$

so daß aus $f^{(1)}$ dann dasselbe Primquaternion π entspringt, wie aus f.

Ist also f ein bestimmtes der hier betrachteten Quaternionen, so werden wir folgendermaßen die Quaternionen $f^{(1)}$ finden, die dasselbe Primquaternion wie f liefern: wir lassen in dem Produkte $q \cdot f$, den Faktor q alle p^4 inkongruenten Quaternionen $(\mathrm{mod}\ p)$ durchlaufen und bezeichnen mit

$$(8) \qquad q_1 f, \ q_2 f, \ \ldots, \ q_z f$$

die inkongruenten unter den so entstehenden Produkten. Unter diesen findet sich auch das Quaternion Null $= 0 \cdot f$. Die übrigen $z - 1$ unter den Produkten (8) sind dann denjenigen Quaternionen $f^{(1)}$ kongruent, die dasselbe Primquaternion wie f ergeben.

Nun ist jedes beliebige Quaternion qf einem der Quaternionen (8) kongruent; aus

$$qf \equiv q_i f \quad \text{folgt aber} \quad (q - q_i)f \equiv 0 \quad \text{oder} \quad q \equiv q_i + x \,(\mathrm{mod}\ p),$$

wo x eines derjenigen Quaternionen bezeichnet, die der Kongruenz

$$(9) \qquad xf \equiv 0 \,(\mathrm{mod}\ p)$$

genügen. Wir werden also alle p^4 Quaternionen qf erhalten, wenn wir in

$$(q_1 + x)f, \ (q_2 + x)f, \ \ldots, \ (q_z + x)f$$

das Quaternion x alle Lösungen der Kongruenz (9) durchlaufen lassen. Da die Anzahl dieser Lösungen nach der letzten Vorlesung p^2 beträgt, ergibt sich

$$p^4 = z \cdot p^2,$$

oder $z = p^2$. Es sind also in der Tat immer je $z - 1 = p^2 - 1$ Quaternionen $f^{(1)}$ vorhanden, die dasselbe Primquaternion π liefern.

Da die Gesamtzahl der Quaternionen f

$$\psi(p) = (p^2 - 1)(p + 1)$$

beträgt, so erkennen wir nunmehr:

Es gibt genau $p + 1$ primäre Primquaternionen, die in der ungeraden Primzahl p aufgehen oder — was dasselbe ist — deren Norm gleich der ungeraden Primzahl p ist [10]).

Jedes ungerade Quaternion geht aus einem bestimmten primären durch rechtsseitige Multiplikation mit einer Einheit hervor. Daher gibt es im ganzen $24\,(p + 1)$ verschiedene in p aufgehende Primquaternionen. Unter diesen befinden sich $8\,(p + 1)$ mit ganzen Komponenten, also von der Form

$$(10) \qquad \pi = \pi_0 + \pi_1 i_1 + \pi_2 i_2 + \pi_3 i_3,$$

wo $\pi_0, \pi_1, \pi_2, \pi_3$ ganze Zahlen bezeichnen, da nur die Multiplikation mit den acht Einheiten ± 1, $\pm i_1$, $\pm i_2$, $\pm i_3$ aus einem primären Quaternion solche mit ganzen Komponenten entstehen läßt. Die übrigen $16\,(p + 1)$ sind von der Form

$$(10') \qquad \pi = \tfrac{1}{2}(\pi_0' + \pi_1' i_1 + \pi_2' i_2 + \pi_3' i_3),$$

wo $\pi_0', \pi_1', \pi_2', \pi_3'$ ungerade ganze Zahlen bezeichnen.

In anderer Ausdrucksweise liegt hierin der Satz:

Die Gleichung

$$(11) \qquad p = \pi_0^2 + \pi_1^2 + \pi_2^2 + \pi_3^2$$

besitzt $8\,(p + 1)$ Auflösungen in ganzen Zahlen $\pi_0, \pi_1, \pi_2, \pi_3$, die Gleichung

$$(11') \qquad 4p = \pi_0'^2 + \pi_1'^2 + \pi_2'^2 + \pi_3'^2$$

$16\,(p + 1)$ Auflösungen in ungeraden ganzen Zahlen $\pi_0', \pi_1', \pi_2', \pi_3'$.

Vorlesung 10.

Der Zerlegungssatz.

Wir werden uns nun mit der Darstellung der ganzen Quaternionen als Produkte von Primquaternionen beschäftigen.

Wie wir früher gesehen haben, läßt sich jedes ganze Quaternion a in die Form bringen

$$a = (1 + i_1)^r b,$$

wo b ein ungerades Quaternion bezeichnet. Man braucht daher nur die Zerlegung ungerader Quaternionen in Primquaternionen zu betrachten, und zwar darf man sich dabei noch auf primäre Quaternionen beschränken, da jedes ungerade Quaternion durch Multiplikation mit einer Einheit in ein primäres Quaternion verwandelt werden kann.

Sei nun b ein primäres Quaternion, d. h. also ein solches, welches $\equiv 1$ oder $\equiv 1 + 2\varrho \pmod{2 + 2i_1}$ ist, und bezeichne m den größten gemeinsamen Teiler der Komponenten von b, die ganze Zahlen sind. Dieser Teiler m werde mit einem solchen Vorzeichen genommen, daß $m \equiv 1 \pmod 4$, also a fortiori $\equiv 1 \pmod{2 + 2i_1}$ ist. Man hat dann

$$b = m\,c,$$

wo c ein primäres Quaternion ist, dessen Komponenten keinen gemeinsamen Teiler außer 1 besitzen. Ein solches Quaternion c wollen wir zur Abkürzung *primitiv* nennen. Nach dieser Festsetzung ist ein primitives Quaternion also immer auch primär. Insbesondere ist offenbar ein primäres Primquaternion

$$\pi = \pi_0 + \pi_1 i_1 + \pi_2 i_2 + \pi_3 i_3$$

stets primitiv, weil $\pi_0, \pi_1, \pi_2, \pi_3$ keinen gemeinsamen Teiler außer 1 besitzen können. Nach der siebenten Vorlesung ist das hierzu konjugierte

$$\pi' = \pi_0 - \pi_1 i_1 - \pi_2 i_2 - \pi_3 i_3$$

ebenfalls primär, wenn $\pi \equiv 1 \pmod{2 + 2i_1}$; dagegen ist $-\pi'$ primär, wenn $\pi \equiv 1 + 2\varrho \pmod{2 + 2i_1}$ ist. Zur Vereinfachung des Ausdrucks

wollen wir deshalb in der Folge, in Abweichung von der früheren Ter-
minologie, unter dem konjugierten Quaternion zu einem Primquaternion π
das Quaternion π' oder das Quaternion $-\pi'$ verstehen, je nachdem
$\pi \equiv 1$ oder $\pi \equiv 1 + 2\varrho \pmod{2 + 2i_1}$ ist. Da das Produkt zweier primären Quaternionen wieder primär ist, so wird übrigens, beiläufig bemerkt,
hiernach π' oder $-\pi'$ als zu π konjugiert zu bezeichnen sein, je nachdem

$$\pi\,\pi' = \pi_0^2 + \pi_1^2 + \pi_2^2 + \pi_3^2 = p$$

eine Primzahl von der Form $4k + 1$ oder von der Form $4k + 3$ ist.

Für die primitiven Quaternionen gilt nun folgender „Zerlegungssatz“:

Es sei c ein primitives Quaternion und

$$(1) \qquad\qquad N(c) = p\,q\,r \ldots,$$

*wo p, q, r, ... die sämtlichen (gleichen oder ungleichen) Primfaktoren
von $N(c)$ in eine beliebige, aber bestimmte Reihenfolge gebracht, bezeichnen. Dann ist c, und zwar nur auf eine Weise, in der Form
darstellbar*

$$(2) \qquad\qquad c = \pi \varkappa \varrho \ldots,$$

*wo π, $\varkappa$, ϱ, ... primäre Primquaternionen bedeuten, deren Normen der
Reihe nach gleich $p, q, r, \ldots$ sind.*

Nachdem man nämlich $N(c)$ in die Faktoren $p\,q\,r \ldots$ aufgelöst hat,
bestimme man den größten primären linksseitigen gemeinsamen Teiler π
von c und p. Dann ist

$$c = \pi\,c_1\,,$$

wo c_1 wieder primitiv und

$$N(c_1) = q\,r \ldots$$

ist. In entsprechender Weise findet man

$$c_1 = \varkappa\,c_2$$

und

$$N(c_2) = r \ldots,$$

wo $\varkappa$ den größten primären linksseitigen Teiler von c_1 und q bezeichnet.
So fortfahrend, erhält man c in der Form (2) dargestellt, und diese Darstellung ist nur auf eine Weise möglich, weil π, $\varkappa$, ϱ, ... der Reihe nach
als größte primäre gemeinsame Teiler eindeutig bestimmt sind.

Der folgende Fall des hiermit bewiesenen Satzes verdient besonders
hervorgehoben zu werden:

Bezeichnet c ein primitives Quaternion und ist

$$(3) \qquad\qquad N(c) = p^h q^k \ldots,$$

unter $p, q, \ldots$ verschiedene Primzahlen verstanden, so läßt sich c, und zwar nur auf eine Weise, in die Form setzen

$$(4) \qquad c = \pi_1 \pi_2 \ldots \pi_h \varkappa_1 \varkappa_2 \ldots \varkappa_k \ldots,$$

wo $\pi_1, \pi_2, \ldots, \pi_h$ primäre Primquaternionen von der Norm p, ferner $\varkappa_1, \varkappa_2, \ldots, \varkappa_k$ solche von der Norm q usw. bezeichnen.

Es ist klar, daß in der Darstellung (4) des primitiven Quaternions c niemals zwei konjugierte Primquaternionen nebeneinander stehen können. Denn sonst würde das Produkt derselben, welches eine reelle Primzahl ist, gemeinsamer Teiler aller Komponenten von c sein. Umgekehrt gilt nun der Satz:

Ein Produkt von primären Primquaternionen

$$\pi_1 \pi_2 \ldots \pi_h \varkappa_1 \varkappa_2 \ldots \varkappa_k \ldots,$$

in welchem $\pi_1, \pi_2, \ldots, \pi_h$ die Norm p, ferner $\varkappa_1, \varkappa_2, \ldots, \varkappa_k$ die Norm q usw. haben, unter $p, q, \ldots$ voneinander verschiedene Primzahlen verstanden, stellt immer ein primitives Quaternion dar, wenn niemals zwei konjugierte Primquaternionen in dem Produkte nebeneinander stehen.

Wir wollen annehmen, dieser Satz sei für Produkte aus n Faktoren schon bewiesen, und zeigen, daß aus dieser Annahme seine Gültigkeit für Produkte aus $n+1$ Faktoren folgt. Da der Satz für $n=1$ offenbar richtig ist, so ist er dann als allgemein gültig nachgewiesen. Sei also

$$(5) \qquad \pi_1 \pi_2 \ldots \pi_h \varkappa_1 \varkappa_2 \ldots \varkappa_k \ldots = \pi_1 c$$

ein Produkt von $n+1$ primären Primquaternionen, in welchem keine zwei konjugierten Quaternionen nebeneinander stehen. Nach Annahme ist

$$(6) \qquad \pi_2 \ldots \pi_h \varkappa_1 \varkappa_2 \ldots \varkappa_k \ldots = c$$

primitiv. Wäre nun das Produkt $\pi_1 c$ nicht primitiv, so gäbe es eine Primzahl P, die in allen vier Komponenten von $\pi_1 c$ aufginge. Also wäre

$$(7) \qquad \pi_1 c \equiv 0 \ (\mathrm{mod}\, P)$$

und daher auch

$$(8) \qquad \pi_1' \pi_1 c = pc \equiv 0 \ (\mathrm{mod}\, P),$$

woraus $N(\pi_1) = p = P$ folgt. Denn andernfalls würde die Kongruenz (8) $c \equiv 0 \ (\mathrm{mod}\, P)$ nach sich ziehen, während doch c primitiv ist. Die Kongruenz (7) ist nun mit einer Gleichung der Gestalt

$$\pi_1 c = pC = \pi_1 \pi_1' C$$

gleichbedeutend, wo C ein ganzes Quaternion bezeichnet; hieraus folgt

$$c = \pi_2 \ldots \pi_h \varkappa_1 \varkappa_2 \ldots \varkappa_k \ldots = \pi_1' C,$$

und da die Zerlegung von c eindeutig ist, müßte $\pi_2 = \pm \pi_1'$ sein. Es würden also die am Anfang des Produktes (5) stehenden Faktoren π_1 und π_2 konjugiert sein, was der Voraussetzung, daß in dem Produkte keine **zwei** konjugierte Quaternionen nebeneinander stehen, widerspricht.

Mit Hilfe des eben bewiesenen Satzes können wir leicht die folgende Aufgabe erledigen:

Man, soll alle primitiven Quaternionen c bestimmen, deren Norm eine gegebene ungerade Zahl

$$m = p^h q^k \ldots$$

ist.

Wir brauchen offenbar, um die gewünschten Quaternionen zu erhalten, nur alle möglichen Produkte

$$(9) \qquad c = \pi_1 \pi_2 \ldots \pi_h \varkappa_1 \varkappa_2 \ldots \varkappa_k \ldots$$

zu bilden, die den Bedingungen genügen, daß $\pi_1, \pi_2, \ldots, \pi_h$ primäre Primquaternionen der Norm p, ferner $\varkappa_1, \varkappa_2, \ldots, \varkappa_k$ primäre Primquaternionen der Norm q usw. sind, und daß niemals zwei konjugierte Primquaternionen nebeneinander stehen. Da es $p + 1$ primäre Primquaternionen der Norm p gibt, so können wir für π_1 jedes dieser $p + 1$ Primquaternionen nehmen, jedes dieser π_1 mit jedem der von $\pm \pi_1'$ verschiedenen p Primquaternionen als zweiten Faktor π_2 kombinieren usf. Man erhält also im ganzen

$$Q(m) = (p+1)\, p^{h-1} (q+1)\, q^{k-1} \ldots = m \left(1 + \frac{1}{p}\right) \left(1 + \frac{1}{q}\right) \ldots$$

Quaternionen c. Das heißt:

Ist $m = p^h q^k \ldots$ eine ungerade Zahl, so gibt es

$$(10) \qquad Q(m) = m \left(1 + \frac{1}{p}\right) \left(1 + \frac{1}{q}\right) \ldots$$

primitive Quaternionen, deren Norm gleich m ist.

Hierbei ist noch zu bemerken, daß $m > 1$ vorausgesetzt wurde. Im Falle $m = 1$ ist offenbar die Formel (10) durch $Q(1) = 1$ zu ersetzen, denn es gibt nur das eine primitive Quaternion 1, dessen Norm gleich 1 ist.

Die zahlentheoretische Funktion $Q(m)$ genügt, wie aus ihrem Ausdruck (10) ersichtlich ist, der Gleichung

$$(11) \qquad Q(m_1 m_2) = Q(m_1)\, Q(m_2),$$

wenn m_1, m_2 irgend zwei ungerade positive, zueinander teilerfremde Zahlen bedeuten.

Fragen wir nun nach der Gesamtzahl der primären Quaternionen b — nicht nur der primitiven —, deren Norm eine vorgeschriebene ungerade Zahl m ist!

Bezeichne b eines dieser Quaternionen und setzen wir

$$(12) \qquad b = d\, c,$$

wo d den größten gemeinsamen Teiler der vier Komponenten von b bedeutet. Diesen Teiler wollen wir mit einem solchen Vorzeichen nehmen,
daß $d \equiv 1 \,(\mathrm{mod}\,4)$ ist. Es wird dann c ein primitives Quaternion und

$$N(b) = d^2 \cdot N(c) = m\,.$$

Also haben wir in (12) für d alle Zahlen $\equiv 1\,(\mathrm{mod}\,4)$ zu nehmen, deren
Quadrat in m aufgeht, und für jedes solche d den Faktor c alle primitiven Quaternionen durchlaufen zu lassen, deren Norm gleich $\dfrac{m}{d^2}$ wird. Die
Anzahl der letzteren beträgt nach dem letzten Satze $Q\left(\dfrac{m}{d^2}\right)$. Demnach
ist die Anzahl aller Quaternionen b durch

$$(13) \qquad f(m) = \sum Q\left(\frac{m}{d^2}\right)$$

vorgestellt, wobei die Summe über alle quadratischen Divisoren d^2 von m
zu erstrecken ist. Wenn wir nun wie früher

$$(14) \qquad m = p^h q^k \ldots$$

setzen, so müssen wir in (13)

$$d^2 = p^{2\alpha} q^{2\beta} \ldots$$

einsetzen und $\alpha, \beta, \ldots$ alle nicht negativen Zahlen durchlaufen lassen,
welche den Bedingungen

$$2\alpha \leqq h, \quad 2\beta \leqq k, \quad \ldots$$

genügen. Es kommt so, unter Benutzung der Gleichung (11),

$$f(m) = \sum Q(p^{h-2\alpha} q^{k-2\beta} \ldots) = \sum Q(p^{h-2\alpha}) \cdot \sum Q(q^{k-2\beta}) \ldots$$

Nach Formel (10) ist weiter

$$\begin{aligned}
\sum Q(p^{h-2\alpha}) &= Q(p^h) + Q(p^{h-2}) + Q(p^{h-4}) + \cdots \\
&= p^{h-1}(p+1) + p^{h-3}(p+1) + \cdots \\
&= p^h + p^{h-1} + p^{h-2} + \cdots + p + 1
\end{aligned}$$

und somit schließlich

$$f(m) = (p^h + p^{h-1} + \cdots + 1)(q^k + q^{k-1} + \cdots + 1) \ldots = \sum \partial\,,$$

wo ∂ die sämtlichen Divisoren von m durchläuft.

Demnach besteht also der Satz:

Bedeutet m eine beliebige ungerade Zahl, so gibt es

$$(15) \qquad f(m) = \sum \partial$$

*primäre Quaternionen, deren Norm gleich m ist. Dabei erstreckt sich
die Summe auf alle Divisoren ∂ von m.*

Vorlesung 11.

Die Darstellungen einer positiven ganzen Zahl als Summe von vier Quadraten.

Auf Grund des Ergebnisses, zu welchem wir am Schluß der letzten Vorlesung gelangten, ist es leicht die folgende Aufgabe zu lösen:

Man soll die Anzahl der Lösungen der Gleichung

$$(1) \qquad x_0^2 + x_1^2 + x_2^2 + x_3^2 = n$$

in ganzen Zahlen x_0, x_1, x_2, x_3 *bestimmen, unter* n *eine gegebene positive ganze Zahl verstanden.*

Wir schreiben die Gleichung (1) in der Form

$$(2) \qquad N(x) = n,$$

indem wir

$$(3) \qquad x = x_0 + x_1 i_1 + x_2 i_2 + x_3 i_3$$

setzen. Es handelt sich somit um die Anzahl derjenigen Quaternionen x, die dem Bereiche J_0 angehören (d. h. ganzzahlige Komponenten besitzen) und deren Norm mit der vorgeschriebenen Zahl n zusammenfällt.

Wir wollen mit 2^r die höchste Potenz von 2 bezeichnen, die in n aufgeht, so daß

$$(4) \qquad n = 2^r m$$

wird, unter m eine ungerade Zahl verstanden, und nun bei der Behandlung unserer Aufgabe die beiden Fälle $r = 0$ und $r > 0$ unterscheiden.

Im Falle $r = 0$ sind die Quaternionen, deren Norm gleich $n = m$ ausfällt, ungerade. Da jedes solche Quaternion durch Multiplikation mit einer der 24 Einheiten (wobei wir uns etwa für rechtsseitige Multiplikation entscheiden mögen) in ein primäres verwandelt werden kann, werden wir zunächst die primären Quaternionen x betrachten, die der Bedingung

$$(5) \qquad N(x) = m$$

genügen und sodann feststellen, wie viele Quaternionen des Bereiches J_0 aus diesen durch rechtsseitige Multiplikation mit den Einheiten entstehen.

Nach dem Schlußsatz der letzten Vorlesung gibt es

$$(6) \qquad f(m) = \sum' \partial$$

primäre Quaternionen x, welche die Gleichung (5) befriedigen. Jedes primäre Quaternion gehört nun dem Bereiche J_0 an (siehe siebente Vorlesung) und durch rechtsseitige Multiplikation mit den acht Einheiten ± 1, $\pm i_1$, $\pm i_2$, $\pm i_3$ entstehen aus ihm wieder Quaternionen des Bereiches J_0. Dagegen liefert die Multiplikation mit den übrigen 16 Einheiten ganze Quaternionen, die nicht J_0 angehören, sondern die Form $\frac{1}{2}(g_0 + g_1 i_1 + g_2 i_2 + g_3 i_3)$ haben, unter g_0, g_1, g_2, g_3 ungerade Zahlen verstanden. Wir erkennen somit, daß im Falle, wo $n = m$ ungerade ist, die Gleichung (1) $8f(m)$ Lösungen besitzt.

Im Falle $r > 0$ hat jedes Quaternion x, welches der Bedingung

$$(7) \qquad N(x) = n = 2^r m$$

genügt, den Fakter $1 + i_1$ genau r-mal. Wir können dasselbe also in der Form

$$(8) \qquad x = (1 + i_1)^r \cdot \overline{x}$$

schreiben, wo $\overline{x}$ ein ungerades ganzes Quaternion von der Norm m bezeichnet.

Hier ist nun zu beachten, daß *jedes* ganze Quaternion, welches durch $1 + i_1$ teilbar ist, dem Bereiche J_0 angehört. Denn nach der siebenten Vorlesung sind die Quaternionen des Bereiches J_0 dadurch charakterisiert, daß sie entweder $\equiv 0$ oder $\equiv 1 \,(\mathrm{mod}\, 1 + i_1)$ sind. Man kann auch direkt aus der Gleichung

$$(1 + i_1) \cdot \tfrac{1}{2}(g_0 + g_1 i_1 + g_2 i_2 + g_3 i_3) = \frac{g_0 - g_1}{2} + \frac{g_0 + g_1}{2} i_1 + \frac{g_2 - g_3}{2} i_2 + \frac{g_2 + g_3}{2} i_3$$

ablesen, daß das Produkt aus $1 + i_1$ in irgendein ganzes Quaternion $\frac{1}{2}(g_0 + g_1 i_1 + g_2 i_2 + g_3 i_3)$ ganzzahlige Komponenten besitzt.

Demnach haben wir in (8) für $\overline{x}$ *alle* ganzen Quaternionen von der Norm m einzusetzen, nicht nur diejenigen, welche dem Bereiche J_0 angehören. Diese Quaternionen entspringen nun aus den $f(m)$ primären Quaternionen von der Norm m durch rechtsseitige Multiplikation mit den 24 Einheiten, so daß wir also aus (8) im ganzen $24 f(m)$ Quaternionen erhalten.

Fassen wir diese Ergebnisse zusammen, so erhalten wir den Satz:

Die Anzahl der Darstellungen einer ganzen positiven Zahl als Summe von vier Quadraten beträgt, je nachdem die darzustellende Zahl ungerade oder gerade ist, das 8fache oder das 24fache der Summe der ungeraden Divisoren der Zahl.

Betrachten wir die $f(m)$ primären Quaternionen von der ungeraden Norm m und multiplizieren wir sie mit den 16 Einheiten $\dfrac{\pm 1 \pm i_1 \pm i_2 \pm i_3}{2}$, so erhalten wir dadurch offenbar sämtliche ganze Quaternionen von der Norm m, die nicht dem Bereiche J_0 angehören, sondern von der Form $\frac{1}{2}(g_0 + g_1 i_1 + g_2 i_2 + g_3 i_3)$ sind, wo g_0, g_1, g_2, g_3 ungerade Zahlen bedeuten. Diese Tatsache läßt sich in folgendem Satze aussprechen:

Die Anzahl der Darstellungen des Vierfachen einer ungeraden Zahl als Summe von vier ungeraden Quadraten beträgt das 16 fache der Summe der Divisoren der Zahl[10].

Die Schlußsätze der neunten Vorlesung über die Darstellungen einer ungeraden Primzahl oder des Vierfachen einer solchen als Summe von vier Quadraten sind die einfachsten Spezialfälle der letzten beiden Sätze.

Vorlesung 12.

Ein Problem Eulers.

Im zweiten Bande seiner Théorie des nombres erwähnt unter Nr. 470 Legendre ein Problem Eulers mit folgenden Worten:

„In ein wie in der nebenstehenden Figur in 16 Felder geteiltes Quadrat soll man 16 Zahlen $A, B, C, \ldots Q$ einschreiben, welche folgenden Bedingungen genügen:

A	B	C	D
E	F	G	H
J	K	L	M
N	O	P	Q

1. daß die Summe der Quadrate der Zahlen in jeder der vier Horizontalreihen, ferner auch in jeder der vier Vertikalreihen und in beiden Diagonalen dieselbe ist. Dies gibt 10 Bedingungen;

2. daß, wenn man in zwei beliebigen Horizontalreihen die übereinanderstehenden Zahlen multipliziert und die Produkte addiert, diese Summe, z. B. $AE + BF + CG + DH$, stets gleich Null ist und daß dasselbe gelten soll bei zwei beliebigen Vertikalreihen. Dies gibt 12 Bedingungen.

Man hätte also im ganzen 22 Bedingungen zu erfüllen und nur 16 Unbekannte. Indessen bemerkt Euler, daß es unendlich viele Arten gibt, dieser Aufgabe zu genügen. Er war im Besitz der allgemeinen Lösung derselben und gab als Beispiel das folgende Quadrat:

$$
\begin{array}{rrrr}
68, & -29, & 41, & -37 \\
-17, & 31, & 79, & 32 \\
59, & 28, & -23, & 61 \\
-11, & -77, & 8, & 49.
\end{array}
$$

Die Auflösung dieses Problems ist nicht veröffentlicht worden, und es wäre sehr zu wünschen, daß dies geschehe, wenn man sie unter den noch nicht gedruckten Manuskripten des Verfassers finden könnte; denn, wie man sieht, würde es sehr schwierig sein, sie wiederherzustellen."

Wir wollen nun zeigen, daß die allgemeine Lösung dieses Problems sich leicht und in einer sehr einfachen Form auf Grund unserer Zahlentheorie der Quaternionen ergibt.

Die gesuchten 16 Zahlen A, B, C, ..., Q mögen mit $a_{\alpha\beta}$ $(\alpha, \beta = 0, 1, 2, 3)$ bezeichnet werden, so daß die in der α-ten Horizontalreihe stehenden die folgenden sind:

$$(1) \qquad\qquad a_{0\alpha}, \; a_{1\alpha}, \; a_{2\alpha}, \; a_{3\alpha} \qquad\qquad (\alpha = 0, 1, 2, 3).$$

Betrachten wir nun die lineare Substitution

$$(2) \quad \left\{ \begin{aligned} y_0 &= a_{00}x_0 + a_{10}x_1 + a_{20}x_2 + a_{30}x_3, \\ y_1 &= a_{01}x_0 + a_{11}x_1 + a_{21}x_2 + a_{31}x_3, \\ y_2 &= a_{02}x_0 + a_{12}x_1 + a_{22}x_2 + a_{32}x_3, \\ y_3 &= a_{03}x_0 + a_{13}x_1 + a_{23}x_2 + a_{33}x_3, \end{aligned} \right.$$

und sehen wir zunächst von den auf die beiden Diagonalen bezüglichen Bedingungen ab, so erkennen wir sofort, daß unsere Aufgabe auf die folgende hinauskommt:

Man soll die Substitution (2) *so bestimmen, daß sie die Gleichung*

$$(3) \qquad\qquad y_0^2 + y_1^2 + y_2^2 + y_3^2 = M(x_0^2 + x_1^2 + x_2^2 + x_3^2),$$

in welcher M eine Konstante bedeutet, zu einer reinen Identität in x_0, x_1, x_2, x_3 *macht, oder also die Form $y_0^2 + y_1^2 + y_2^2 + y_3^2$ in ein Vielfaches von sich selbst überführt.*

Die Identität (3) ist nämlich zunächst mit den auf die Vertikalreihen bezüglichen Bedingungen für die 16 Zahlen gleichbedeutend. Aus diesen Bedingungen ergeben sich sodann die Umkehrungen der Gleichungen (2)

$$(2') \qquad\qquad M x_\alpha = a_{\alpha 0}y_0 + a_{\alpha 1}y_1 + a_{\alpha 2}y_2 + a_{\alpha 3}y_3 \qquad (\alpha = 0, 1, 2, 3)$$

und indem man diese Ausdrücke der $M x_\alpha$ in die aus (3) folgende Gleichung

$$(3') \quad (M x_0)^2 + (M x_1)^2 + (M x_2)^2 + (M x_3)^2 = M(y_0^2 + y_1^2 + y_2^2 + y_3^2)$$

einträgt, ergibt sich durch Koeffizientenvergleichung, daß auch die auf die Horizontalreihen bezüglichen Bedingungen für die 16 Zahlen $a_{\alpha\beta}$ erfüllt sind.

Wir wollen nun fürs erste auch die Bedingung, daß die Koeffizienten $a_{\alpha\beta}$ der Substitution (2) *ganze* Zahlen sein sollen, fallen lassen und ferner $M = 1$ setzen. Mit anderen Worten, wir stellen uns die Aufgabe:

Man soll alle reellen „orthogonalen" Substitutionen (2) *bestimmen, d. h. diejenigen reellen Substitutionen* (2), *vermöge welcher identisch in den Variabeln x_0, x_1, x_2, x_3*

$$(4) \qquad\qquad y_0^2 + y_1^2 + y_2^2 + y_3^2 = x_0^2 + x_1^2 + x_2^2 + x_3^2$$

wird.

Diese Aufgabe können wir leicht in die Sprache der Quaternionentheorie übertragen. Zu dem Ende multiplizieren wir die Gleichungen (2) der Reihe nach mit $1, i_1, i_2, i_3$ und addieren sie sodann. Dadurch kommt:

$$(5) \qquad y = A_0 x_0 + A_1 x_1 + A_2 x_2 + A_3 x_3,$$

wobei die neu eingeführten Bezeichnungen folgende Bedeutung haben:

$$(6) \qquad y = y_0 + y_1 i_1 + y_2 i_2 + y_3 i_3$$

$$(7) \qquad \left\{ \begin{aligned} A_0 &= a_{00} + a_{01} i_1 + a_{02} i_2 + a_{03} i_3, \\ A_1 &= a_{10} + a_{11} i_1 + a_{12} i_2 + a_{13} i_3, \\ A_2 &= a_{20} + a_{21} i_1 + a_{22} i_2 + a_{23} i_3, \\ A_3 &= a_{30} + a_{31} i_1 + a_{32} i_2 + a_{33} i_3. \end{aligned} \right.$$

Und nun ist unsere Aufgabe offenbar die:

Man soll die Quaternionen A_0, A_1, A_2, A_3 so bestimmen, daß die Gleichung

$$(4') \quad N(y) = (A_0 x_0 + A_1 x_1 + A_2 x_2 + A_3 x_3)(A_0' x_0 + A_1' x_1 + A_2' x_2 + A_3' x_3)$$
$$= x_0^2 + x_1^2 + x_2^2 + x_3^2$$

identisch in den Variabeln x_0, x_1, x_2, x_3 erfüllt ist.

Der Vergleich der Koeffizienten von x_0^2 auf beiden Seiten der Gleichung $(4')$ ergibt zunächst:

$$(8) \qquad N(A_0) = A_0 A_0' = 1.$$

Das Quaternion A_0 muß daher sicher von Null verschieden sein, so daß wir

$$(9) \qquad A_1 = A_0 j_1, \quad A_2 = A_0 j_2, \quad A_3 = A_0 j_3$$

setzen können, wobei j_1, j_2, j_3 gewisse Quaternionen bezeichnen. Hierdurch geht (5) über in

$$(10) \qquad y = A_0 (x_0 + x_1 j_1 + x_2 j_2 + x_3 j_3)$$

und die Gleichung $(4')$ wird nun in Rücksicht auf (8)

$$(11) \quad N(y) = (x_0 + x_1 j_1 + x_2 j_2 + x_3 j_3)(x_0 + x_1 j_1' + x_2 j_2' + x_3 j_3')$$
$$= x_0^2 + x_1^2 + x_2^2 + x_3^2.$$

Durch Ausführung der Multiplikation auf der linken Seite und Koeffizientenvergleichung folgt hieraus:

$$j_1' = -j_1, \quad j_2' = -j_2, \quad j_3' = -j_3, \quad j_1 j_1' = 1, \quad j_2 j_2' = 1, \quad j_3 j_3' = 1,$$
$$j_1 j_2' + j_2 j_1' = 0, \quad j_2 j_3' + j_3 j_2' = 0, \quad j_3 j_1' + j_1 j_3' = 0$$

und durch Elimination von j_1', j_2', j_3'

$$(12) \quad j_1^2 = j_2^2 = j_3^2 = -1, \quad j_1 j_2 = -j_2 j_1, \quad j_2 j_3 = -j_3 j_2, \quad j_3 j_1 = -j_1 j_3.$$

Hieraus können wir schließen, daß das Quaternion $j_1 j_2 j_3$ seinem konjugierten gleich und also reell sein muß. Denn es ist

$$(j_1 j_2 j_3)' = j_3' j_2' j_1' = - j_3 j_2 j_1 = j_3 j_1 j_2 = - j_1 j_3 j_2 = j_1 j_2 j_3.$$

Da die Norm von $j_1 j_2 j_3$ überdies $N(j_1) N(j_2) N(j_3) = 1$ ist, so muß

$$(13) \qquad\qquad j_1 j_2 j_3 = - \varepsilon$$

sein, wo ε entweder $+1$ oder -1 ist.

Durch Multiplikation von (13) mit j_3 entsteht, weil $j_3^2 = -1$ ist,

$$j_1 j_2 = \varepsilon j_3$$

und ebenso leicht finden wir

$$j_2 j_3 = \varepsilon j_1, \quad j_3 j_1 = \varepsilon j_2.$$

Die drei Quaternionen εj_1, εj_2, εj_3 genügen demnach den Gleichungen (7) der dritten Vorlesung, nämlich

$$(\varepsilon j_1)^2 = (\varepsilon j_2)^2 = (\varepsilon j_3)^2 = -1, \quad \varepsilon j_1 \cdot \varepsilon j_2 = - \varepsilon j_2 \cdot \varepsilon j_1 = \varepsilon j_3,$$
$$\varepsilon j_2 \cdot \varepsilon j_3 = - \varepsilon j_3 \cdot \varepsilon j_2 = \varepsilon j_1, \quad \varepsilon j_3 \cdot \varepsilon j_1 = - \varepsilon j_1 \cdot \varepsilon j_3 = \varepsilon j_2$$

und, wie dort gezeigt wurde, folgt hieraus die Existenz eines Quaternions q, für welches

$$(14) \qquad \varepsilon j_1 = q i_1 q^{-1}, \quad \varepsilon j_2 = q i_2 q^{-1}, \quad \varepsilon j_3 = q i_3 q^{-1}$$

ist. Das Quaternion q dürfen wir von der Norm 1 voraussetzen, so daß $q^{-1} = q'$ wird. Denn q darf, ohne Störung der Gleichungen (14), durch $r q$ ersetzt werden, unter r eine beliebige, nicht verschwindende reelle Zahl verstanden, die wir so wählen können, daß

$$N(r q) = r^2 N(q) = 1$$

wird. Wir setzen nun die Ausdrücke von j_1, j_2, j_3 aus (14) in (10) ein. Indem wir dabei noch für die Quaternionen von der Norm 1

$$A_0 q \quad \text{und} \quad q^{-1} = q'$$

bezüglich a und b schreiben, kommt so

$$(15) \qquad y = a (x_0 + \varepsilon x_1 i_1 + \varepsilon x_2 i_2 + \varepsilon x_3 i_3) b,$$

wobei ε entweder $+1$ oder -1 ist. Umgekehrt: bilden wir die Gleichung (15), unter a und b zwei beliebige Quaternionen von der Norm 1 verstanden, so werden die Komponenten y_0, y_1, y_2, y_3 von y vermöge dieser Gleichung lineare homogene Funktionen von x_0, x_1, x_2, x_3 und der Übergang zu den Normen zeigt, daß identisch

$$N(y) = y_0^2 + y_1^2 + y_2^2 + y_3^2 = x_0^2 + x_1^2 + x_2^2 + x_3^2$$

wird. Trennen wir noch die Fälle $\varepsilon = +1$ und $\varepsilon = -1$ von einander, so können wir das gewonnene Resultat so aussprechen:

Jede reelle orthogonale Substitution (2) *läßt sich durch eine der beiden Gleichungen*

$$(16) \qquad\qquad y = axb,$$

$$(16') \qquad\qquad y = ax'b$$

darstellen, in welchen a *und* b *zwei Quaternionen von der Norm* 1 *bedeuten, und*

$$x = x_0 + x_1 i_1 + x_2 i_2 + x_3 i_3, \quad y = y_0 + y_1 i_1 + y_2 i_2 + y_3 i_3$$

zu setzen ist.

Hierzu ist noch folgendes zu bemerken. Die Substitutionen, die durch die Gleichung (16) dargestellt werden, unterscheiden sich von den durch die Gleichung (16') dargestellten durch das Vorzeichen ihrer Determinante. In der Tat kann bei stetiger Änderung der Quaternionen a und b (d. h. ihrer Komponenten) die Determinante der Substitution (16) und ebenso die der Substitution (16') ihr Vorzeichen nicht ändern, weil diese Determinanten immer von Null verschieden bleiben. Lassen wir aber a und b stetig in das Quaternion 1 übergehen, so werden die Substitutionen (16) und (16') in

$$y = x, \quad \text{bzw.} \quad y = x'$$

übergehen. Von diesen ist die erstere die identische Substitution, also von der Determinante $+1$, dagegen die letztere die Substitution $y_0 = x_0$, $y_1 = -x_1$, $y_2 = -x_2$, $y_3 = -x_3$, also von der Determinante -1. Es gilt also insbesondere der Satz:

Die allgemeinste reelle orthogonale Substitution (2) *von positiver Determinante* $(+1)$ *wird durch die Gleichung*

$$(16) \qquad\qquad y = axb$$

dargestellt, unter a *und* b *zwei Quaternionen von der Norm* 1 *verstanden*[12]).

Wir betrachten jetzt die reellen Substitutionen (2), welche der Bedingung (3) genügen, ohne daß der Faktor M notwendig gleich 1 sein soll. Wenn wir in dem Schema der Koeffizienten $a_{\alpha\beta}$ zwei Vertikalreihen (oder auch zwei Horizontalreihen) vertauschen, so wechselt die Determinante der Substitution (2) nur ihr Vorzeichen, während sie der Bedingung (3) nach wie vor genügt. Es bedeutet daher keine wesentliche Beschränkung, wenn wir uns, was geschehen soll, nur mit den Substitutionen (2) von positiver Determinante beschäftigen.

Liegt nun eine solche Substitution vor und setzen wir

$$y_0 = \sqrt{M}\, z_0, \quad y_1 = \sqrt{M}\, z_1, \quad y_2 = \sqrt{M}\, z_2, \quad y_3 = \sqrt{M}\, z_3,$$

so hängen die Variabeln z_i mit den Variabeln x_i durch eine Substitution von positiver Determinante zusammen, die, wegen $z_0^2 + z_1^2 + z_2^2 + z_3^2 = x_0^2 + x_1^2 + x_2^2 + x_3^2$, orthogonal ist. Diese läßt sich also durch eine Gleichung der Form

$$z_0 + z_1 i_1 + z_2 i_2 + z_3 i_3 = a x b$$

und also die ursprüngliche Substitution (2) durch

$$y_0 + y_1 i_1 + y_2 i_2 + y_3 i_3 = \frac{a}{\sqrt{M}} x b$$

darstellen. Statt $\dfrac{a}{\sqrt{M}}$ wollen wir wieder a schreiben, so daß nun a ein von Null verschiedenes Quaternion bedeutet, das aber nicht mehr notwendig von der Norm 1 ist. Die somit entstehende Gleichung $y = a x b$ stellt aber, wenn wir für a und b zwei beliebige von Null verschiedene Quaternionen nehmen, stets eine Substitution (2) von positiver Determinante dar, die der Bedingung (3) genügt, wobei M den Wert $N(a) N(b)$ besitzt. Denn der Übergang zu den Normen liefert

$$N(y) = y_0^2 + y_1^2 + y_2^2 + y_3^2 = N(a) N(x) N(b) = N(a) N(b)(x_0^2 + x_1^2 + x_2^2 + x_3^2).$$

Es besteht daher der Satz:

Die allgemeinste reelle Substitution (2) *von positiver Determinante, welche der Bedingung* (3) *genügt, wird durch die Gleichung*

$$(17) \qquad y = a x b$$

dargestellt, wobei a und b zwei von Null verschiedene Quaternionen bezeichnen.

Wir wollen jetzt annehmen, es sei uns eine bestimmte Substitution (2) von positiver Determinante vorgelegt, welche der Bedingung (3) genügt, und uns die Aufgabe stellen, die Quaternionen

$$(18) \qquad \begin{cases} a = a_0 + a_1 i_1 + a_2 i_2 + a_3 i_3, \\ b = b_0 + b_1 i_1 + b_2 i_2 + b_3 i_3 \end{cases}$$

auf die allgemeinste Weise so zu bestimmen, daß die Gleichung (17) die vorgelegte Substitution (2) darstellt. Diese Aufgabe läßt sich durch folgende Betrachtungen erledigen. Wir setzen die vorgelegten Substitutionsgleichungen (2) zu der Gleichung (5) zusammen, wobei dann A_0, A_1, A_2, A_3 die durch die Gleichungen (7) definierten, aus den Substitutionskoeffizienten $a_{\alpha\beta}$ gebildeten Quaternionen bedeuten.

Damit nun die Gleichung (5) mit der Gleichung (17) zusammenfalle, ist notwendig und hinreichend, daß

$$(19) \qquad A_0 = a b, \quad A_1 = a i_1 b, \quad A_2 = a i_2 b, \quad A_3 = a i_3 b$$

sei. Seien jetzt u_0, u_1, u_2, u_3 Unbestimmte und

$$(20) \qquad u' = u_0 - u_1 i_1 - u_2 i_2 - u_3 i_3,$$

dann ist der reelle Teil, d. h. die erste Komponente, des Quaternions

$$u'a = (u_0 - u_1 i_1 - u_2 i_2 - u_3 i_3)(a_0 + a_1 i_1 + a_2 i_2 + a_3 i_3),$$

wie die Ausführung der Multiplikation ergibt, gleich

$$a_0 u_0 + a_1 u_1 + a_2 u_2 + a_3 u_3.$$

Andererseits ist der reelle Teil eines beliebigen Quaternions

$$q = q_0 + q_1 i_1 + q_2 i_2 + q_3 i_3,$$

wie aus den Gleichungen

$$- i_1 q i_1 = q_0 + q_1 i_1 - q_2 i_2 - q_3 i_3,$$
$$- i_2 q i_2 = q_0 - q_1 i_1 + q_2 i_2 - q_3 i_3,$$
$$- i_3 q i_3 = q_0 - q_1 i_1 - q_2 i_2 + q_3 i_3$$

hervorgeht, vermöge der Gleichung

$$(21) \qquad q - i_1 q i_1 - i_2 q i_2 - i_3 q i_3 = 4 q_0$$

ausdrückbar. Speziell ist daher

$$4(a_0 u_0 + a_1 u_1 + a_2 u_2 + a_3 u_3) = u'a - i_1 u'a i_1 - i_2 u'a i_2 - i_3 u'a i_3.$$

Multiplizieren wir diese Gleichung mit b und berücksichtigen wir die Gleichungen (19), so kommt:

$$(22) \quad 4(a_0 u_0 + a_1 u_1 + a_2 u_2 + a_3 u_3) b = u'A_0 - i_1 u'A_1 - i_2 u'A_2 - i_3 u'A_3.$$

Diese Gleichung multiplizieren wir schließlich rechtsseitig mit

$$(23) \qquad v' = v_0 - v_1 i_1 - v_2 i_2 - v_3 i_3,$$

unter v_0, v_1, v_2, v_3 vier neue Unbestimmte verstanden und nehmen links und rechts die reellen Teile der entstehenden Quaternionen. So ergibt sich:

$$(24) \quad 4(a_0 u_0 + a_1 u_1 + a_2 u_2 + a_3 u_3)(b_0 v_0 + b_1 v_1 + b_2 v_2 + b_3 v_3)$$
$$= \Re\{u'A_0 v' - i_1 u'A_1 v' - i_2 u'A_2 v' - i_3 u'A_3 v'\},$$

wobei die rechte Seite den reellen Teil, also die erste Komponente, des eingeklammerten Quaternions bedeutet.

Diese Gleichung (24) *enthält nun die Lösung der gestellten Aufgabe, a und b aus der als gegeben vorausgesetzten Substitution* (2) *zu bestimmen.*

Die Berechnung der rechten Seite von (24) liefert nämlich eine bilineare Form der Unbestimmten

$$u_0, \; u_1, \; u_2, \; u_3, \; v_0, \; v_1, \; v_2, \; v_3$$

mit Koeffizienten, die gemäß den Werten (7) der A_0, A_1, A_2, A_3 linear und ganzzahlig von den $a_{\alpha\beta}$ abhängen. Diese bilineare Form läßt sich dann, gemäß (24), in zwei Linearformen spalten, welche bis auf konstante Faktoren mit

$$a_0 u_0 + a_1 u_1 + a_2 u_2 + a_3 u_3 \quad \text{und} \quad b_0 v_0 + b_1 v_1 + b_2 v_2 + b_3 v_3$$

zusammenfallen.

Man kann indessen zur Bestimmung von a und b auch direkt an die Gleichung (22) anknüpfen. Der Vergleich der Koeffizienten von u_0, u_1, u_2, u_3 in dieser Gleichung liefert

$$(25) \quad \begin{cases} 4\,a_0 b = A_0 - i_1 A_1 - i_2 A_2 - i_3 A_3\,, \\ 4\,a_1 b = - i_1 A_0 - A_1 - i_3 A_2 + i_2 A_3\,, \\ 4\,a_2 b = - i_2 A_0 + i_3 A_1 - A_2 - i_1 A_3\,, \\ 4\,a_3 b = - i_3 A_0 - i_2 A_1 + i_1 A_2 - A_3\,. \end{cases}$$

Trägt man hier aus (7) die Werte von A_0, A_1, A_2, A_3 ein und substituiert $b_0 + b_1 i_1 + b_2 i_2 + b_3 i_3$ für b, so ergibt der Vergleich der Komponenten der in (25) stehenden Quaternionen die 16 Produkte $4\,a_\alpha b_\beta$ ausgedrückt durch lineare ganzzahlige Funktionen der Koeffizienten $a_{\alpha\beta}$.

Die Ausführung der Rechnung ergibt folgende Tabelle, welche den Wert von $4\,a_\alpha b_\beta$ in demjenigen Fach enthält, in welchem sich die durch $4\,a_\alpha$ bezeichnete Horizontalreihe mit der durch b_β bezeichneten Vertikalreihe kreuzt.

	b_0	b_1	b_2	b_3
$4\,a_0$	$a_{00}+a_{11}+a_{22}+a_{33}$	$a_{01}-a_{10}-a_{23}+a_{32}$	$a_{02}+a_{13}-a_{20}-a_{31}$	$a_{03}-a_{12}+a_{21}-a_{30}$
$4\,a_1$	$a_{01}-a_{10}+a_{23}-a_{32}$	$-a_{00}-a_{11}+a_{22}+a_{33}$	$a_{03}-a_{12}-a_{21}+a_{30}$	$-a_{02}-a_{13}-a_{20}-a_{31}$
$4\,a_2$	$a_{02}-a_{13}-a_{20}+a_{31}$	$-a_{03}-a_{12}-a_{21}-a_{30}$	$-a_{00}+a_{11}-a_{22}+a_{33}$	$a_{01}+a_{10}-a_{23}-a_{32}$
$4\,a_3$	$a_{03}+a_{12}-a_{21}-a_{30}$	$a_{02}-a_{13}+a_{20}-a_{31}$	$-a_{01}-a_{10}-a_{23}-a_{32}$	$-a_{00}+a_{11}+a_{22}-a_{33}$

(26)

Ist die Substitution (2) vorgelegt, so sind, wie wir sehen, die Verhältnisse $a_0 : a_1 : a_2 : a_3$ und $b_0 : b_1 : b_2 : b_3$ der Komponenten der Quaternionen a und b völlig bestimmt. Wenn also

$$y = a\,x\,b$$

eine bestimmte Darstellung der betreffenden Substitution ist, so wird die allgemeinste Darstellung so lauten:

$$y = (r\,a)\,x\left(\frac{1}{r}\,b\right),$$

wobei r eine beliebig gewählte von Null verschiedene reelle Zahl bedeutet.

Wir wenden uns nun dem Eulerschen Problem zu, indem wir diejenigen Substitutionen (2) betrachten, deren Koeffizienten $a_{\alpha\beta}$ *ganze* Zahlen sind. Der Tabelle (26) zufolge verhalten sich dann die Komponenten von a und b wie ganze Zahlen, so daß also für a und b rationale Vielfache von Quaternionen mit ganzzahligen Komponenten, also von ganzen Quaternionen des Bereiches J_0 genommen werden können.

Demnach ergibt sich zunächst:

Die allgemeinste Eulersche Substitution von positiver Determinante ist darstellbar in der Form

$$(27) \qquad\qquad y = r\,\alpha\,x\,\beta,$$

wo α, β Quaternionen mit ganzzahligen Komponenten und r eine rationale Zahl bedeuten.

Als „Eulersche Substitution" ist dabei eine solche Substitution (2) bezeichnet, die ganzzahlige Koeffizienten $a_{\alpha\beta}$ besitzt und der Bedingung (3) genügt, also die Form $y_0^2 + y_1^2 + y_2^2 + y_3^2$ in ein Multiplum von $x_0^2 + x_1^2 + x_2^2 + x_3^2$ überführt.

Die Komponenten der Quaternionen

$$\alpha = \alpha_0 + \alpha_1 i_1 + \alpha_2 i_2 + \alpha_3 i_3, \qquad \beta = \beta_0 + \beta_1 i_1 + \beta_2 i_2 + \beta_3 i_3$$

können und wollen wir als ganze Zahlen je ohne einen allen gemeinsamen Teiler voraussetzen. Gemäß der Tabelle (26) ist nun

$$4\,r\,(\alpha_0 u_0 + \alpha_1 u_1 + \alpha_2 u_2 + \alpha_3 u_3)\,(\beta_0 v_0 + \beta_1 v_1 + \beta_2 v_2 + \beta_3 v_3)$$

eine ganzzahlige Funktion der Unbestimmten

$$u_0,\ u_1,\ u_2,\ u_3,\ v_0,\ v_1,\ v_2,\ v_3.$$

Diesen können wir solche ganzzahlige Werte beilegen, daß

$$\alpha_0 u_0 + \alpha_1 u_1 + \alpha_2 u_2 + \alpha_3 u_3 = 1, \qquad \beta_0 v_0 + \beta_1 v_1 + \beta_2 v_2 + \beta_3 v_3 = 1$$

wird, woraus ersichtlich ist, daß $4\,r = g$ eine ganze Zahl sein muß. Setzen wir $r = \dfrac{g}{4}$ und schreiben sodann wieder α statt $g\,\alpha$, so nimmt (27) die Gestalt an

$$(28) \qquad\qquad y = \tfrac{1}{4}\,\alpha\,x\,\beta,$$

wobei α und β wieder ganze Quaternionen des Bereiches J_0 bezeichnen.

Die Bedingung, daß α und β dem Bereiche J_0 angehören sollen, lassen wir nun fallen. Es geht dann aus unserer Analyse hervor, daß die Gleichung (28) die allgemeinste Eulersche Substitution darstellt, falls wir für α und β irgendwelche ganze Quaternionen nehmen, für welche die Koeffizienten von x_0, x_1, x_2, x_3 auf der rechten Seite von (28), also

$$\tfrac{1}{4}\,\alpha\,\beta = A_0, \quad \tfrac{1}{4}\,\alpha\,i_1\,\beta = A_1, \quad \tfrac{1}{4}\,\alpha\,i_2\,\beta = A_2, \quad \tfrac{1}{4}\,\alpha\,i_3\,\beta = A_3$$

Quaternionen mit ganzzahligen Komponenten, d. i. Quaternionen des Bereiches J_0, werden. Da $\alpha\beta = 4\,A_0$ durch $4 = -(1 + i_1)^4$ teilbar ist, so muß mindestens eines der Quaternionen α und β durch $(1 + i_1)^2 = 2\,i_1$, also auch durch 2 teilbar sein. Daher kann ein Faktor 2 des Nenners 4 in (28) fortgehoben uud die Gleichung (28) jedenfalls auf die Form

$$(29) \qquad\qquad y = \tfrac{1}{2}\,\alpha x\beta$$

gebracht werden, wobei nun $\alpha,\ \beta$ ganze Quaternionen bezeichnen, für welche

$$\tfrac{1}{2}\,\alpha\beta, \quad \tfrac{1}{2}\,\alpha i_1\beta, \quad \tfrac{1}{2}\,\alpha i_2\beta, \quad \tfrac{1}{2}\,\alpha i_3\beta$$

ganze Quaternionen des Bereiches J_0 sind.

Es ist nun zweckmäßig, zwei Fälle zu unterscheiden, je nachdem von den beiden Quaternionen α und β eines oder keines durch 2 teilbar ist.

Im ersten Falle kann (29) durch

$$(30) \qquad\qquad y = \alpha x\beta$$

ersetzt werden. Im zweiten Falle müssen, weil $\tfrac{1}{2}\,\alpha\beta$ ganz ist, α und β beide durch $1 + i_1$ (oder auch $1 - i_1$) teilbar sein, so daß an Stelle von (29)

$$(30') \quad y = \tfrac{1}{2}\alpha(1 + i_1)x(1 - i_1)\beta = \alpha(x_0 + x_1 i_1 - x_3 i_2 + x_2 i_3)\beta$$

geschrieben werden kann, indem man in (29) α durch $\alpha(1 + i_1)$ und β durch $(1 - i_1)\beta$ ersetzt.

In den Gleichungen (30) und (30') sind α und β ganze Quaternionen, die keiner anderen Bedingung zu genügen brauchen, als daß diese Gleichungen ganzzahlige Substitutionen ergeben. Dazu ist notwendig und hinreichend, daß $\alpha\beta$, $\alpha i_1\beta$, $\alpha i_2\beta$, $\alpha i_3\beta$ dem Bereiche J_0 angehören, was nach der 7. Vorlesung durch die Kongruenzbedingung

$$\alpha\beta \equiv 0 \quad \text{oder} \quad 1\,(\mathrm{mod}\,1 + i_1)$$

ausgedrückt werden kann.

Zusammenfassend können wir sagen:

Die ganzzahligen Substitutionen (2) *von positiver Determinante, welche die Form* $y_0^2 + y_1^2 + y_2^2 + y_3^2$ *in ein Multiplum der Form* $x_0^2 + x_1^2 + x_2^2 + x_3^2$ *überführen, werden durch die Gleichungen*

$$(31) \qquad\qquad y = \alpha x\beta \quad \text{und} \quad y = \alpha \bar{x}\beta$$

dargestellt, wo

$$y = y_0 + y_1 i_1 + y_2 i_2 + y_3 i_3, \qquad x = x_0 + x_1 i_1 + x_2 i_2 + x_3 i_3,$$
$$\bar{x} = x_0 + x_1 i_1 - x_3 i_2 + x_2 i_3$$

gesetzt ist, und α *und* β *irgend zwei ganze Quaternionen bezeichnen, welche der Bedingung*

$$(32) \qquad\qquad \alpha\beta \equiv 0 \quad \text{oder} \quad 1\,(\mathrm{mod}\,1 + i_1)$$

unterworfen sind.

Die Bedingung (32) ist stets erfüllt, wenn α und β ganzzahlige Komponenten haben, wie schon daraus ersichtlich, daß dann jede der Gleichungen (31) eine ganzzahlige Substitution darstellt, aber auch daraus folgt, daß dann sowohl α wie β nach dem Modul $1 + i_1$ zu 0 oder 1 kongruent ist.

Für die praktische Berechnung der Substitutionen (31) ist noch folgendes zu bemerken. Da $\bar{x}$ aus x durch Vertauschung von x_2 mit $-x_3$ und x_3 mit x_2 hervorgeht, so erhält man durch dieselbe Vertauschung die Gleichungen der Substitution $y = \alpha \bar{x} \beta$ aus denen der Substitution $y = \alpha x \beta$.

Aus dem Koeffizientenschema der letzteren Substitution entsteht also das der ersteren dadurch, daß man die dritte und vierte Vertikalreihe miteinander vertauscht und darauf die Glieder der neuen vierten Vertikalreihe mit -1 multipliziert. Daß diese Operationen aus einer Eulerschen Substitution wieder eine solche erzeugen, leuchtet unmittelbar ein.

Was nun die Substitution

$$(33) \qquad y = \alpha x \beta$$

angeht, so kann diese folgendermaßen erhalten werden. Wir setzen

$$(34) \qquad \alpha = \alpha_0 + \alpha_1 i_1 + \alpha_2 i_2 + \alpha_3 i_3, \quad \beta = \beta_0 - \beta_1 i_1 - \beta_2 i_2 - \beta_3 i_3$$

und denken uns (33) durch Elimination von

$$z' = z_0 - z_1 i_1 - z_2 i_2 - z_3 i_3$$

aus den Gleichungen

$$(35) \qquad y = \alpha z', \quad z' = x \beta \quad \text{oder} \quad z = \beta' x'$$

entstanden. Auf diese Weise erkennen wir, daß das Koeffizientenschema der Substitution (33) durch Komposition von

$$(36) \quad \begin{pmatrix} \alpha_0, & \alpha_1, & \alpha_2, & \alpha_3 \\ \alpha_1, & -\alpha_0, & \alpha_3, & -\alpha_2 \\ \alpha_2, & -\alpha_3, & -\alpha_0, & \alpha_1 \\ \alpha_3, & \alpha_2, & -\alpha_1, & -\alpha_0 \end{pmatrix} \quad \text{mit} \quad \begin{pmatrix} \beta_0, & \beta_1, & \beta_2, & \beta_3 \\ \beta_1, & -\beta_0, & \beta_3, & -\beta_2 \\ \beta_2, & -\beta_3, & -\beta_0, & \beta_1 \\ \beta_3, & \beta_2, & -\beta_1, & -\beta_0 \end{pmatrix}$$

erzeugt wird. Denn nach den Gleichungen (11) der ersten Vorlesung, welche die Multiplikation im Gebiete der Quaternionen regeln, ist das erste Schema (36) das Koeffizientensystem der Substitution $y = \alpha z'$ und das zweite das Koeffizientensystem der Substitution $z = \beta' x'$.

Nehmen wir z. B.

$$\alpha = -5 + 5 i_1 + 9 i_2, \quad \beta = -6 - 4 i_1 - 2 i_2 + 3 i_3,$$

so haben wir nach (36) zu komponieren

$$\begin{pmatrix} -5,\ 5, & 9, & 0 \\ 5,\ 5, & 0, & -9 \\ 9,\ 0, & 5, & 5 \\ 0,\ 9, & -5, & 5 \end{pmatrix} \text{ mit } \begin{pmatrix} -6,\ 4, & 2, & -3 \\ 4,\ 6, & -3, & -2 \\ 2,\ 3, & 6, & 4 \\ -3,\ 2, & -4, & 6 \end{pmatrix},$$

wodurch wir die folgende Substitution

$$\begin{matrix} 68, & 37, & 29, & 41 \\ 17, & 32, & 31, & -79 \\ -59, & 61, & 28, & 23 \\ 11, & 49, & -77, & -8 \end{matrix}$$

erhalten, die nur unwesentlich von dem Zahlenbeispiel, welches Euler gegeben hat, verschieden ist. Letzteres entsteht aus unserer Substitution, indem man die drei letzten Horizontalreihen und die beiden mittleren Vertikalreihen mit -1 multipliziert und darauf die zweite Vertikalreihe hinter die letzte setzt.

Zur vollständigen Erledigung des Eulerschen Problems würde nun noch erforderlich sein, unter den Eulerschen Substitutionen diejenigen zu bestimmen, welche auch den auf die Diagonalen bezüglichen Bedingungen genügen. Diese Aufgabe bietet keine prinzipiellen Schwierigkeiten dar. Doch wollen wir nicht mehr auf dieselbe eingehen, weil sie für uns kein größeres Interesse hat, da die erforderlichen Betrachtungen nicht der Zahlentheorie der Quaternionen angehören.

Anmerkungen und Zusätze.

[1]) Vgl. den Artikel: „Theorie der gemeinen und höheren komplexen Größen." Von E. Study. Encyklopädie der mathematischen Wissenschaften, Bd. 1 (Leipzig 1898—1904), S. 147 ff. Geschichtliches über die von Hamilton eingeführten Quaternionen auf S. 159, Anmerkung 13, daselbst.

Eine „Zahlentheorie" der Quaternionen, die sich aber wesentlich von der meinigen unterscheidet, hat zuerst Lipschitz in der Schrift „Untersuchungen über die Summen von Quadraten", Bonn 1886, entwickelt. Nach dem Vorbilde meiner Zahlentheorie der Quaternionen hat Herr L. Gustav Du Pasquier die Zahlentheorie der linearen Substitutionen — diese aufgefaßt als komplexe Größen mit n^2 Einheiten — behandelt in seiner Züricher Doktor-Dissertation „Zahlentheorie der Tettarionen" 1906. Zu erwähnen ist hier noch eine Arbeit von M. Kiseljak, „Grundlagen einer Zahlentheorie eines speziellen Systems von komplexen Größen mit drei Einheiten". Bonn 1905.

[2]) [3]) Der Begriff des Körpers von Zahlen und der Permutationen eines solchen spielt bekanntlich eine grundlegende Rolle in Dedekinds Theorie der algebraischen Zahlen. Vgl. „Vorlesungen über Zahlentheorie" von P. G. Lejeune-Dirichlet. Herausgegeben von R. Dedekind. Braunschweig 1894. S. 435 und 457.

[4]) Dies ist der Begriff des *ganzen* Quaternions bei Lipschitz. Die Theorie von Lipschitz wird infolgedessen bedeutend verwickelter als die meinige. Interessante Untersuchungen über das von mir befolgte Prinzip für die Definition des ganzen Quaternions gibt L. G. Du Pasquier in seinen Abhandlungen: „Sur les systèmes de nombres complexes", L'Enseignement Mathématique 1915, p. 340, „Sur l'Arithmétique des nombres hypercomplexes", ib. 1916, p. 201—259, „Sur un point de la théorie des nombres hypercomplexes", ib. 1917, p. 333.

[5]) Diese Bezeichnungen sind denjenigen analog, die in der Theorie der Gaußschen komplexen ganzen Zahlen $a + bi$ üblich sind. Man kann übrigens diese Zahlen als ein Untersystem der ganzen Quaternionen ansehen.

[6]) Das Quaternion

$$b = b_0 + b_1 i_1 + b_2 i_2 + b_3 i_3$$

ist dann und nur dann *primär*, wenn b_0, b_1, b_2, b_3 ganze Zahlen sind, welche der Bedingung

$$b_0 + b_1 + b_2 + b_3 \equiv 1 \,(\mathrm{mod}\,4)$$

und zugleich entweder den Bedingungen

$$b_0 - 1 \equiv b_1 \equiv b_2 \equiv b_3 \equiv 0 \,(\mathrm{mod}\,2)$$

oder den Bedingungen

$$b_0 - 1 \equiv b_1 \equiv b_2 \equiv b_3 \equiv 1 \,(\mathrm{mod}\,2)$$

genügen.

[7]) Der Hilfssatz rührt von Lagrange her. Vgl. Serret, Cours d'Algèbre supérieure, t. II, Nr. 329—330.

[8]) Versteht man unter r und s zwei der Gleichung

$$1 + r^2 + s^2 = 0$$

genügende Zahlen und ordnet man dem Quaternion

$$q = q_0 + q_1 i_1 + q_2 i_2 + q_3 i_3$$

die Substitution

$$S = \begin{pmatrix} \alpha, & \beta \\ \gamma, & \delta \end{pmatrix}$$

zu, wobei

$$\alpha = q_0 - r q_2 - s q_3, \quad \delta = q_0 + r q_2 + s q_3, \quad \beta = q_1 - s q_2 + r q_3, \quad \gamma = -q_1 - s q_2 + r q_3$$

sein soll, so entsteht ein System von Substitutionen, das eindeutig umkehrbar auf das System aller Quaternionen bezogen und diesem System insofern isomorph ist, als dem Quaternion $q\bar{q}$ bzw. $q + \bar{q}$ die Substitutionen $S\bar{S}$ bzw. $S + \bar{S}$ entsprechen, wenn q und S sowie $\bar{q}$ und $\bar{S}$ einander zugeordnet sind. Zugleich ist $N(q) = |S|$, unter $|S|$ die Determinante $\alpha\delta - \beta\gamma$ verstanden. Von den Zahlen r und s muß natürlich, wegen der Gleichung $1 + r^2 + s^2 = 0$, mindestens eine imaginär sein.

In betreff des Zusammenhanges der Quaternionen mit den binären homogenen linearen Substitutionen vgl. Laguerre, Sur le calcul des systèmes linéaires, Oeuvres t. I (Paris 1898), p. 220 und F. Klein, Vorlesungen über das Ikosaeder (Leipzig 1884), S. 34—36.

[9]) Die Gruppe der in bezug auf einen Modul betrachteten ganzzahligen binären Substitutionen spielt bekanntlich in der Theorie der Modulfunktionen eine wichtige Rolle. Vgl. Klein-Fricke, Vorlesungen über die Theorie der elliptischen Modulfunktionen (Leipzig 1890, Bd. I, S. 387—491), wo auch die weitere hier in Betracht kommende Literatur angegeben ist. Man kann die Untersuchung dieser Gruppe auf den Zuordnungssatz der achten Vorlesung gründen, wobei sich unter anderem das Analogon des Fermatschen Satzes für die Zahlentheorie der Quaternionen ergibt.

In dieser Hinsicht sei folgendes bemerkt: Es bedeute p eine ungerade Primzahl und $q = q_0 + q_1 i_1 + q_2 i_2 + q_3 i_3$ ein Quaternion mit ganzzahligen Komponenten, dessen Norm nicht durch p teilbar ist. Dann gilt

$$q^{p-1} \equiv 1 \quad \text{oder} \quad q^{p+1} \equiv N(q) \quad \text{oder} \quad q^{p} \equiv q_0 \pmod{p},$$

je nachdem $-(q_1^2 + q_2^2 + q_3^2)$ quadratischer Rest oder quadratischer Nichtrest von p oder durch p teilbar ist. Dieser Satz ergibt sich leicht, indem man die Kongruenz $(q - q_0)^2 \equiv - (q_1^2 + q_2^2 + q_3^2) \pmod{p}$ zur $\left(\dfrac{p-1}{2}\right)^{\text{ten}}$ Potenz erhebt, sodann mit $(q - q_0)$ multipliziert und die Kongruenz $(q - q_0)^p \equiv q^p - q_0^p \equiv q^p - q_0 \pmod{p}$ berücksichtigt.

Für jedes ganze Quaternion q, dessen Norm nicht durch p teilbar ist, gilt die Kongruenz

$$q^{p(p^2-1)} \equiv 1 \pmod{p},$$

wie aus dem vorhergehenden Satze folgt. Ist die Norm von q durch p teilbar, so ist

$$q^2 \equiv 0 \quad \text{oder} \quad q^p \equiv q \pmod{p},$$

je nachdem q_0 durch p teilbar ist oder nicht.

[10]) Die $p+1$ primären Primfaktoren der Primzahl p sind in den niedrigsten Fällen die folgenden:

$$p = 3: \quad -i_1 + i_2 + i_3, \quad i_1 - i_2 + i_3, \quad i_1 + i_2 - i_3, \quad -i_1 - i_2 - i_3$$

$$p = 5: \quad -1 \pm 2 i_1, \quad -1 \pm 2 i_2, \quad -1 \pm 2 i_3$$

$$p = 7: \quad \pm 2 + i_1 - i_2 - i_3, \quad \pm 2 - i_1 + i_2 - i_3, \quad \pm 2 - i_1 - i_2 + i_3, \quad \pm 2 + i_1 + i_2 + i_3$$

$$p = 11: \begin{cases} 3 i_1 \pm (i_2 + i_3), & 3 i_2 \pm (i_3 + i_1), & 3 i_3 \pm (i_1 + i_2) \\ -3 i_1 \pm (i_2 - i_3), & -3 i_2 \pm (i_3 - i_1), & -3 i_3 \pm (i_1 - i_2). \end{cases}$$

[11]) Dieser und der vorhergehende Satz über die Anzahl der Darstellungen einer Zahl als Summe von vier Quadraten rühren von C. G. J. Jacobi her, der sie ursprünglich aus der Theorie der elliptischen Funktionen ableitete. Vgl. Crelle, Journal für die reine und angewandte Mathematik, Bd. 3, S. 191 und Bd. 12, S. 167—172, oder C. G. J. Jacobi, Werke, Bd. 1, S. 239—247 und Bd. 6, S. 245—251.

[12]) Da man jede orthogonale Substitution bei drei Variabeln x_1, x_2, x_3 auffassen kann als eine solche bei vier Variabeln x_0, x_1, x_2, x_3, deren erste Gleichung $y_0 = x_0$ lautet, so folgt: Die allgemeinste orthogonale Substitution bei drei Variabeln wird durch die Gleichung

$$(y_1 i_1 + y_2 i_2 + y_3 i_3) = a (x_1 i_1 + x_2 i_2 + x_3 i_3) a'$$

dargestellt, unter a ein Quaternion von der Norm 1 verstanden.

Wegen der geometrischen Bedeutung dieser Sätze siehe E. Study, „Von den Bewegungen und Umlegungen". Mathematische Annalen, Bd. 39, S. 441—566.

Druck von Oscar Brandstetter in Leipzig.

Allgemeine Erkenntnislehre. Von Prof. Dr. **Moritz Schlick,** Rostock. 1919. Preis M. 18,—; gebunden M. 20,40. (Bildet Band I der „Naturwissenschaftlichen Monographien und Lehrbücher", herausgegeben von den Herausgebern der „Naturwissenschaften" Dr. Arnold Berliner und Professor Dr. August Pütter.)

Über die Hypothesen, welche der Geometrie zu Grunde liegen. Von **B. Riemann.** Neu herausgegeben und erläutert von H. Weyl. 1919. Preis M. 5,60.

Die Grundlagen der Einsteinschen Gravitationstheorie. Von **E. Freundlich.** Mit einem Vorwort von Albert Einstein. Dritte, verbesserte Auflage. In Vorbereitung.

Raum und Zeit in der gegenwärtigen Physik. Eine Einführung in das Verhältnis der Relativitäts- und Gravitationstheorie. Von **M. Schlick.** Zweite, stark vermehrte Auflage. 1919. Preis M. 5.20.

Raum — Zeit — Materie. Vorlesungen über allgemeine Relativitätstheorie. Von **H. Weyl.** Zweite, unveränderte Auflage. Mit 13 Textfiguren. 1919. Preis M. 14,—.

Einleitung in die Mengenlehre. Eine gemeinverständliche Einführung in das Reich der unendlichen Größen von Dr. **Adolf Fraenkel,** Privatdozent an der Universität Marburg. Mit 10 Textabbildungen. 1919. Preis M. 10,—.

Die Iterationen. Ein Beitrag zur Wahrscheinlichkeitstheorie. Von Professor Dr. **L. v. Bortkiewicz** (Berlin). 1917. Preis M. 10,—.

Die radioaktive Strahlung als Gegenstand wahrscheinlichkeitstheoretischer Untersuchungen. Von Professor Dr. **L. v. Bortkiewicz.** Mit 5 Textfiguren. 1913. Preis M. 4,—.